Georg Quedens

SOS

Das Seenotrettungswesen
der Insel Amrum

Verlag Jens Quedens
INSEL AMRUM

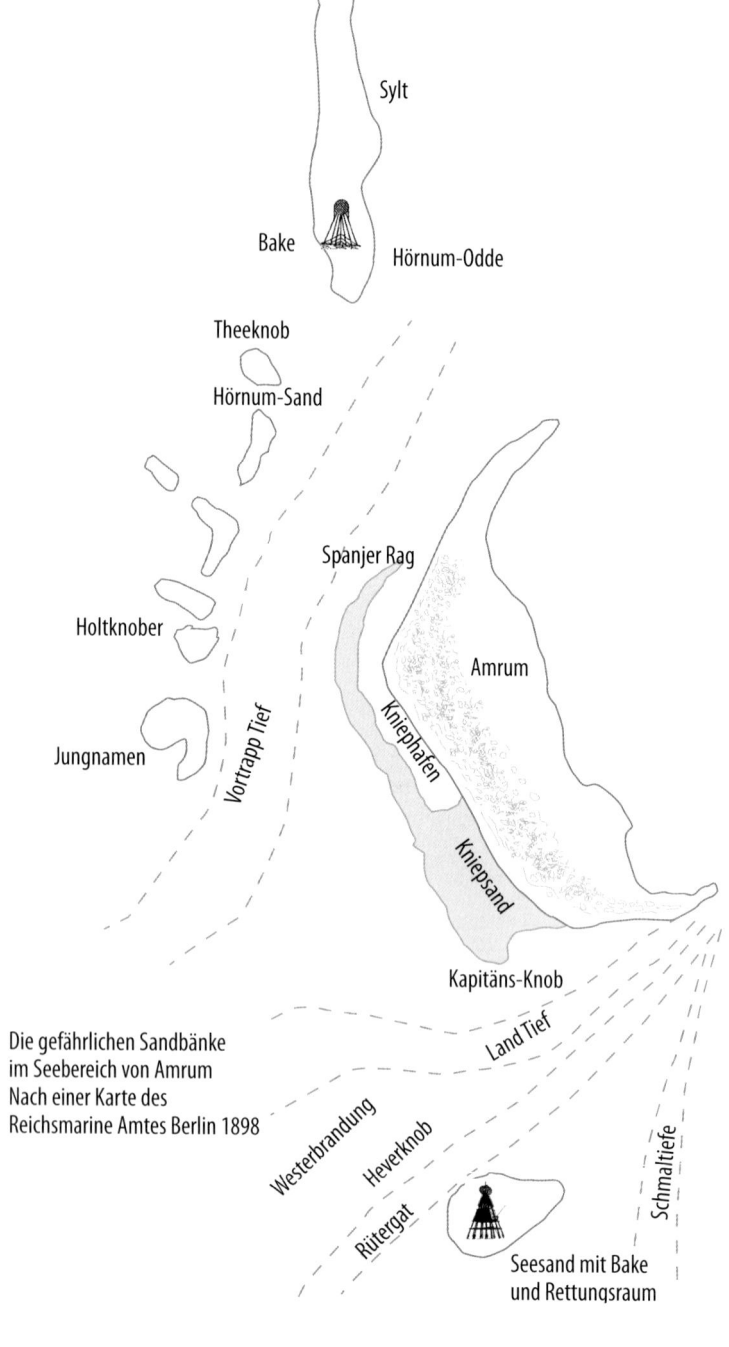

Sylt

Bake

Hörnum-Odde

Theeknob

Hörnum-Sand

Spanjer Rag

Holtknober

Amrum

Kniephafen

Jungnamen

Vortrapp Tief

Kniepsand

Kapitäns-Knob

Die gefährlichen Sandbänke
im Seebereich von Amrum
Nach einer Karte des
Reichsmarine Amtes Berlin 1898

Land Tief

Westerbrandung

Heverknob

Schmaltiefe

Rütergat

Seesand mit Bake
und Rettungsraum

Inhalt

Vorwort

Seit der Jugendzeit mit der See verbunden...
Seit frühester Jugendzeit war ich, geboren 1934 in Norddorf, der Insel und ihrer Natur verbunden. Keine zehn Jahre alt, wurde jede Stunde außerhalb der Schule und der häuslichen Verpflichtungen genutzt, um in den Dünen nach Eiderenten- und Möweneiern zu suchen, den Wildkaninchen nachzustellen und deren Höhlen auszugraben. Im Frühjahr und Herbst wurden im Watt oder am Strand Angelleinen für Butt und Schollen ausgelegt oder nach Sturmfluten im Flutsaum am Kniepsand nach Strandgut gesucht. Dabei wanderte manche Planke und andere Güter heimlich nach Hause, immer darauf bedacht, dem Strandvogt (Boy H. Peters) nicht über den Weg zu laufen. Wurde man erwischt, musste man sich als Strandräuber eine Standpauke anhören, und die geborgenen Schätze an eben den Genannten abliefern. Aber zu Hause wurde in den Notjahren des Weltkrieges und der Nachkriegszeit alles dringend benötigt.

Rückblickend bin ich auch der Überzeugung, dass es früher mehr Stürme gab als heute. Jetzt wird uns jeder Sturm, egal in welchem fernen Winkel der Welt, durch das Fernsehen in die Stube getragen, sodass sich allgemein das Gefühl verbreitet hat, dass Stürme häufiger und heftiger geworden sind. Aber früher konnte man sich mehr auf den „Blanken Hans" verlassen, und Stürme waren ja die Voraussetzung für Strandgut.

Mit den Streifzügen durch die großartige Inselnatur verbanden sich zwei Gebäude der DGzRS am Norddorfer Strand. Eben nördlich des Quermarkenfeuers am Inselbogen Hörn der aus roten Ziegeln gemauerte Schuppen Baatjes-Stich, eine frühere Station für ein Ruderrettungsboot der Deutschen Gesellschaft zur Rettung Schiffbrüchiger. Der stand leer, wurde aber oft aufgesucht, wenn uns beim Eiersuchen der Regen überraschte.

Ein gleichartiges Gebäude aus Ziegelsteinen lag zwei Kilometer weiter nördlich, am Übergang zum Norddorfer Strand - die DGzRS-Station Nord, hierhin verlegt, weil infolge der Verlagerung des Kniepsandes nach Norden·bei Baatjes-Stich kein Rettungsboot mehr zu Wasser gelassen werden konnte.

In der Station Nord lag das Ruderrettungsboot „Emile Robin" auf seinem eisernen Ablaufwagen, bereit, von einem Pferdegespann zu Wasser gebracht zu werden. Das Boot war hier noch über das Ende des 2. Weltkrieges hinaus einsatzbereit, als in der Station Süd, dem Amrumer Seezeichenhafen, schon Motorrettungsboote stationiert waren.

Auch zu Hause waren Strandungsfälle gegenwärtig. Zu meiner frühen Kindheitserinnerung gehört die Strandung eines Kümos namens „Vineta" am 24. November 1939 auf dem Kniepsand, beladen mit 95 Tonnen Hafer. Das Schiff kam wieder frei, nachdem die Ladung über Bord geworfen wurde, aber zwei Mann der Besatzung kamen durch Leichtsinn ums Leben. Tage später lag der Strand voller Hafer, und auch wir waren mit der Mutter und einem Handwagen hinaus, um für unsere Hühnerhaltung Hafer zu bergen.

In einem Fotoalbum im Hause befindet sich das Foto eines Grabsteines in der nordjütischen Dünenheide, daneben Theodor Flor und mein Vater Johannes Quedens, die Enkel der beiden Norddorfer Rettungsmänner Theodor Flor und Jens Peter Bork, die am 30. Oktober 1890 beim Kentern des Rettungsbootes „Theodor Preußer" nahe Hörnum ums Leben gekommen waren und Wochen später bei Nørre Vorupør in Nordjütland von dortigen Fischern aus der See aufgefischt und mit allen Ehren begraben wurden. Der Grabstein steht noch heute auf dem inzwischen kaum noch benutzten Friedhof und für die Urenkel und Ururenkel gehört es zur Selbstverständlichkeit bei einer Dänemark-Reise auch das Grab der Vorväter zu besuchen.

Ebenso befinden sich im Archiv des Verfassers einige Tagebücher von Familienmitgliedern, die als Rettungsmänner tätig waren. Ganz besonderer Dank gilt auch der „Deutschen Gesellschaft zur Rettung Schiffbrüchiger" in Bremen, die stets alle Anfragen detailliert beantwortete und die Jahrbücher mit den Rettungsberichten zur Verfügung stellte. Eine große Hilfe für die Geschichte des Amrumer Rettungswesen war auch der Nachlass des Kapitäns Julius Schmidt, langjähriger Vorstand des hiesigen Ortsausschusses. Andreas Borgert, Ibbenbüren, hat mit zahlreichen Daten zu diesem Buch beigetragen. Herzlichen Dank auch an Wolfgang Stöck, Chef des Wasser- und Schifffahrtsamtes im Seezeichenhafen Amrum für die Besorgung historischer Seekarten.

Hörnum - Tummelplatz der Strandräuber

Umrum war damals wie jetzt ein mehrenteils dürres Heide- und Dünenland, klein an Fläche, aber mit großen, weit hinaus reichenden, für die Seefahrt gefahrvollen Sandbänken umgeben. Die Insel hatte eine Kirche und von Alters her sehr rasche, entschlossene, aber als Stranddiebe berüchtigte Einwohner", schrieb der Sylter Chronist Christian Peter Hansen im Jahre 1877 in seiner „Chronik der friesischen Uthlande."

Wie andere Sylter, so mochte auch Christian Peter Hansen die benachbarten Amrumer nicht leiden. In seinen Büchern, wie auch in solchen anderer Autoren, spielten die Amrumer immer wieder als Strandräuber eine Rolle, wobei die Sylter, insbesondere die Bewohner des ärmlichen Dünendorfes Rantum auf der langen Dünennehrung Hörnum, den Amrumern in dieser Hinsicht nicht nachstanden. Beispielsweise musste im Jahre 1699 fast die gesamte Einwohnerschaft von Rantum wegen Strandräuberei im Amtshaus Tondern vor Gericht erscheinen. Die Wut der Sylter auf die Amrumer hatte einen realen Grund: Auf der unbewohnten Südspitze der Insel Sylt, Hörnum, strandeten zahlreiche Schiffe. Hörnum gehörte zur Gemeinde Rantum. Das damals südlichste Dorf der Insel lag aber rund 14 Kilometer von Hörnum Odde entfernt, und von Rantum aus konnte man nicht um die vorspringenden Dünen am Budersand schauen, ob ein Schiff gestrandet war.

Hörnum, die Südspitze der Insel Sylt, war bis zum Jahre 1901/02 unbesiedelt, ehe die Hamburger Reederei „Nordsee-Linie" (ab 1905 HAPAG) hier einen Anleger für ihre Seebäderdampfer und für die „Südbahn" bis Westerland entsprechende Gebäude errichtete. Nur einige Male wurden vorher auf Hörnum Schutzhütten für Schiffbrüchige gebaut, deren Bestand aber unter den Sylter und Amrumer Strandräubern litt.

Auf Amrum lag jedoch auf der Geesthöhe des Dorfes Norddorf ein Hügel, genannt Rolufs Knob (nach dem Austernvorfischer Roluf Peters), mit einem besteigbaren Auslugmast. Bei Sturm enterten regelmäßig Dorfbewohner hinauf und spähten über die Dünenkante am Strand über das Meer. Wurde dann auf Hörnum ein gestrandetes Schiff oder ein Havarist entdeckt, eilten die Amrumer zum Kniephafen, einem Naturhafen, wo die Kutter der Austernfischer und Seehundsjäger vor Anker lagen. Schnell waren die Boote bemannt und kämpften sich, nicht selten unter Lebensgefahr, nach Hörnum, auf Bergelohn und Strandgut hoffend. Auch aus der Hafenbucht Steenodde machten sich Schiffe auf dem Weg, denn die Kunde von einem Strandungsfall ging wie ein Lauffeuer über die Insel. An der Strandungsstelle auf Hörnum angekommen, packten die „sehr raschen und entschlossenen Männer" dann zu, um Schiff und Schiffsgüter zu retten, aber auch in zweiter Linie Schiffbrüchige zu „salvieren", zu retten. Wie so oft war der Strandungsfall in Rantum gar nicht oder erst Tage später bemerkt worden, sodass ein großer Teil des Strandsegens in die Hände der Amrumer fiel. Das haben die Sylter den Amrumern bis dato nicht vergessen und verziehen.

Besondere Aufregung verursachte die Strandung des Bremer Schiffes „Colonia" im Januar 1839. Die Brigg war mit einer Tabakladung von Augusturia in Kolumbien nach Bremen bestimmt, als sie in der ersten Januarwoche in der Nordsee von einem fürchterlichen, wochenlangen Unwetter überfallen wurde, sodass sich Kapitän Habbert entschloß, das Schiff auf den Strand zu setzen. Schnell waren die Amrumer zur Stelle und vereinbarten nach Rettung der Mannschaft den Bergelohn und begannen, die Ladung nach Amrum zu verschiffen. Die Rantumer hatten noch immer nichts bemerkt. Erst als ein Kapitän in Morsum sein Spektiv auf Hörnum richtete, wurde das Hin und Her der Boote zwischen Hörnum und Amrum entdeckt und die Sylter stürmten mit 200 Mann, bewaffnet mit Flinten und Heugabeln, zur Sylter Südspitze, um die Amrumer zu vertreiben. Allerdings hatten diese schon fast 400 Packen Tabak und Baumwolle nach Amrum verschifft, kassierten dafür den Bergelohn und erhielten von der Regierung ein Lob wegen der Rettung der „Colonia" Mannschaft, während die Rantumer, voran der alte Strandvogt Peter Nis Taken, getadelt und der Strandvogt abgesetzt wurde. Die Wut der Sylter kannte kaum Grenzen.

Bergelöhne, die größten Bargeldeinnahmen

Strandungsfälle und die Bergung von Schiffsgütern oder das Flottmachen (Abbringen) gestrandeter Schiffe gehörten zu den wichtigsten Ereignissen im früheren Inselleben, standen doch immer große Werte auf dem Spiel. Es gab keine Wirtschaftsquelle, sei es Seefahrt, Fischerei, Landwirtschaft oder Entenfang in den Vogelkojen, wo soviel Geld zu verdienen war, wie bei einem Strandungsfall. Entsprechend der gesetzlichen Regelung mussten die betroffenen Reeder, Kapitäne oder Kaufleute (Ladungsinteressenten), deren Waren im Schiff transportiert wurden, als Bergelohn ein Drittel vom Werte der „salvierten", der geretteten Güter bezahlen. Beispielsweise wurde Ende des Jahres 1824 aus zwei Strandungs- bzw. Bergungsfällen bei Amrum ein Bergelohn von etwa 74.000 Courantmark fällig. Das war der Brandkassen- und Steuerwert der beiden Dörfer Nebel und Süddorf mit 81 bzw. 18 Häusern! Noch im Jahre 1901 wurden für die Bergung des gestrandeten spanischen Dampfers „Basturia" am Kniepsand bei Norddorf als Bergelohn 126.000 Mark gezahlt. Von dieser Einnahme profitierten neben dem Strandvogt natürlich alle beteiligten Inselbewohner. Ein Drittel kassierten die Berger, die bei todesmutigen Unternehmungen aber nicht selten ihr Leben riskierten.

Bergelöhne waren die höchsten Bargeldeinnahmen im früheren Amrum. Für das Abbergen des spanischen Dampfers „Basturia" mussten Eigentümer bzw. Versicherung im Jahre 1901 runde 126000 Mark zahlen.

Nutzniesser dieses Strandsegens wurde dann seit 1825 auch die St.-Clemens-Gemeinde Amrum. Es wurde auf Empfehlung der Birkvogtei ein Strand-Legat gegründet, in dessen Kasse fortan 5 % von den Bergungsprämien eingezahlt wurden, zuletzt noch bis zum Jahre 1899. Vorsitzende des Legates waren die jeweiligen Pastoren, ihre Stellvertreter die Küster. Die Einnahmen dienten vor allem dazu, das Schul- und Sozialwesen, damals noch in der Regie der Kirche, sowie den Unterhalt der Kirchengebäude, Kirche und Pastorat, zu finanzieren. In der Rückschau ein vielleicht einmaliger Vorgang, dass die Kirchengemeinde einen Gewinn aus Strandungsfällen, also dem Unglück von Seefahrern, zog.

Auch die weltliche Obrigkeit bezog beachtliche Summen aus Strandungsfällen. Geriet ein Schiff auf einen Küsten- oder Inselstrand, so verlangte die zuständige Behörde ein Drittel vom Wert der geborgenen und verstei-

Die Gründung des Amrumer Strand-Legates.

gerten Güter, sodass den schiffbrüchigen Kapitänen, ihren Reedern und Ladungsinteressenten nur ein letztes Drittel ihres Eigentums blieb. Erst mit dem Erlaß eines neuen Strandgesetzes am 30. Dezember 1803 verzichtete die Landesregierung an den schleswig-holsteinischen Küsten auf ihren Drittel-Anteil.

Es ist verständlich, dass angesichts dieser Sachlage die Strandräuberei, also das verbotene Bergen von Schiffsgütern und Wrackteilen, in den Augen einer ansonsten in sittlicher Hinsicht sehr gefestigten Inselbevölkerung keine unehrenhafte oder gar kriminelle Tat war, sorgte man doch nur dafür, dass dem fernen und immer ungeliebten Staat nicht zu viel in die Hände fiel.

Ebenso ließ sich die eher nachlässige Behandlung von Schiffbrüchigen erklären, stand in den damaligen Strandgesetzes doch vor allem die Bergung von Gütern im Vordergrund, während die Rettung von Menschen nur selten verpflichtend wurde. Schon das erste, von der Landesherrschaft erlassenen Strandgesetz, das Jydske Lov um anno 1241 durch den dänischen König Waldemar II, regelte fast ausschließlich die Behandlung der Güter und die Verwertung eines Wracks, während die Rettung und der Schutz von Menschen nur eine Nebenrolle spielte. Dabei blieb es, mit einigen Ausnahmen, bis zum Strandgesetz vom 21. März 1705, erlassen vom dänischen König Friedrich IV. Hier ist von Schutzbestimmungen für Schiffbrüchige die Rede. Demnach ist es bei Todesstrafe verboten, in der Nacht falsche Feuer und falsche Signale am Strand zu benutzen, um die Strandung von Schiffen zu bewirken. Mit der Todesstrafe wurde auch die Ermordung von Schiffbrüchigen bedroht. Eine zuchthausartige Strafe mit Zwangsarbeit auf Bremerholm, einer Insel nahe Kopenhagen, wurde verhängt, wenn jemand Schiffbrüchige beraubte, bei einer Wertsumme von über 50 Lot Silber drohte sogar der Galgen. Gleichzeitig verpflichtete dieses Strandgesetz die Einwohner zu Hilfeleistungen bei einem Strandungsfall.

Dieses Strandgesetz ist insofern interessant, weil es Hinweise auf falsche Feuerzeichen enthält, um Schiffe auf den Strand zu locken - eine Behauptung, die auch in der Gegenwart den Insulanern noch gelegentlich vorgehalten wird. Der Amrumer Seemann Richard Matzen (1884 - 1967), der noch auf Segelschiffen der Hamburger Reederei Laeisz auf Salpeterfahrten zur Westküste von Südamerika das berüchtigte Kap Hoorn umrundet hat, konnte bei einer solchen Behauptung aber richtig fuchtig werden und

„Durch falsche Feuer auf den Inselstrand gelockt" - das ist eine oft publizierte, aber falsche Behauptung.

darauf verweisen, dass kein Kapitän, der sich in Seenot befindet, auf ein Feuer an der Küste zugesteuert wäre. Er würde wenden, um die offene See zu erreichen. Denn ein Feuer bedeutet Land und Land bedeutet Strandung.

Rettung von Schiffbrüchigen - erste Sicherheitsmaßnahmen

$\mathfrak{W}$ ie erwähnt, stand jahrhundertelang in den wechselnden Strandgesetzen, die an der Nordseeküste auch von Ort zu Ort sehr unterschiedlich sein konnten, der materielle Wert, Schiff und Ladung eines Strandungsfalles, an erster Stelle und begründete natürlich auch das Verhalten der Inselbewohner gegenüber den Schiffbrüchigen. Doch haben sich die Küstenbewohner aus ganz natürlichen und christlichen Erwägungen auch um Schiffbrüchige gekümmert, waren sie doch als Seeleute Berufskollegen für die ebenfalls zur See fahrenden Einwohner der Küsten und Inseln.

Wir lesen z.B. in den Tagebüchern der Pastorenfamilie Mechlenburg unter dem 19. Dezember 1814: „Eine englische Brigg, mit Zucker beladen, gescheitert. Neun Mann gerettet." Fast gleichzeitig: „Ein Holländer mit Holzladung gestrandet.Vier Mann gerettet." Und so geht es weiter: „Den 4. November 1832 eine englische Brigg in der Rütergat-Brandung aufgestoßen und gesunken. Die Mannschaft, zehn Personen, gerettet." „Den 24. August 1848 sank bei Seesand (Siasun) eine englische Brigg mit Kohlen, neun Mann geborgen." „Am 28. Dezember 1862 strandete auf Seesand die Hamburger Bark „India", von Südamerika nach Hamburg bestimmt. Gerret J. Matzen holte zwölf Mann von der Bake."

Der Seesand (Siasun) war eine große Sandbank, zehn Kilometer südwestlich von Amrum, zeitweilig so hoch, dass sich dort eine umfangreiche Dünenlandschaft gebildet hatte. Als Sichtzeichen für die von der Nordsee kommenden Schiffe bei der Einfahrt zu den Inseln Amrum und Föhr sowie ins Halligmeer, hatte die damals dänische Regierung dort im Jahre 1801 eine 18 Meter hohe, schwarz geteerte Bake errichtet, die im Jahre 1839 auf halber Höhe mit einem Schutzraum für Schiffbrüchige versehen wurde. Hier lagerten Trinkwasser und Proviant sowie Signalmittel. Zahlreiche Seefahrer, die dort oder in der Nähe strandeten, haben sich dann zu dieser Bake retten können. Die Bake stand noch bis zum Jahre 1903. Dann hatte die Nordsee den Seesand ganz abgetragen und damit auch der Bake das Ende bereitet.

Eine weitere Sicherung der Seefahrt erfolgte dann durch den Bau von Leuchttürmen, bei Kampen auf Sylt im Jahre 1856 und auf dem Ellenbogen bei List im Jahre 1858. Doch die gefährlichste Küste der Nordsee, die Sandbänke und Untiefen bei Amrum, blieben ungesichert. Zwar hatte es auch hier schon Initiativen zum Bau von Leuchtfeuern gegeben, so 1842 durch den Reeder und Werftbesitzer Nommensen in Wyk auf Föhr. Doch seine „untertänigste Supplication" an den dänischen König ChristianVIII. blieb ohne Erfolg. Der Amrumer Historiker Knudt Jungbohn Clement (1803 - 1873) vermutete sogar, dass die dänische Regierung die Amrumer Küste mit Absicht ungeschützt ließ, „um den dänischen Strandvögten reichliche Strandungsfälle und Strandsegen zu bescheren ..." Aber das war eine bösartige Unterstellung, weil die Regierung den studierten Dozenten nicht in den Professorenstand erhoben hatte und aus dem früheren Verehrer

Die Bake auf Seesand mit dem Rettungsraum.

der Dänen und der Nordgermanen in der Auseinandersetzung zwischen deutsch und dänisch Mitte des 19. Jahrhunderts ein ebenso glühender Vertreter der deutschen Seite geworden war.

Unverändert standen die Bewohner der Nordseeküste und der Ost- und Nordfriesischen Inseln bei einem Strandungsfall und angesichts der sich vor ihren Augen abspielenden Tragödien aber vor der Tatsache, nicht helfen zu können, weil die dazu notwendigen Rettungsmittel fehlten, es solche Einrichtungen aber schon längst an britischen Küsten und in Skandinavien gab.

Dramatische Strandungsfälle erregen die Öffentlichkeit

Inzwischen begann sich, angefacht von Berichten über Strandungsfälle, die Öffentlichkeit in Deutschland zu erregen. Besondere Aufmerksamkeit fand im November 1854 die Strandung des Auswandererschiffes „Johanne" in der Brandung der ostfriesischen Insel Spiekeroog. Obwohl das Schiff ganz nahe am Strande lag, verloren rund 80 Menschen, vor allem Frauen und Kinder, ihr Leben. Erst bei Eintritt der Ebbe konnten die Insulaner mit Booten zum Wrack gelangen, um Überlebende zu bergen. Die Toten wurden auf dem heute noch vorhandenen Friedhof in den Dünen von Spiekeroog begraben.

Nicht weniger öffentliche Aufmerksamkeit erregte dann die Strandung der englischen Brigg „Alliance" auf dem Borkum-Riff im September 1860. Die neunköpfige Besatzung verlor dabei das Leben, während sich die

Am 6. November 1854 strandete bei Spiekeroog das Auswandererschiff „Johanne", wobei 84 Menschen ihr Leben verloren. Dieses Ereignis war eine der Ursachen für die Gründung der Rettungsgesellschaft.

14

Borkumer nach Aussage von Inselgästen vor allem um die Bergung antreibender Wrackteile bemühten und auf Vorhaltungen nichts zur Rettung der in den Masten hängenden Besatzung taten. Von den Borkumern bekamen sie in deren friesisch-holländisch-plattdeutschen Sprachengemisch zu hören: „Ja, wat is denn een Minskenlewent?" Sicherlich, die Presse neigte damals wie heute zu dramatischen Übertreibungen. Aber was hätten die Borkumer in Anbetracht der Sturmbrandung tun können? Die Weser-Zeitung vom 30. September 1860 publizierte diesen Vorfall auf der Titelseite und löste an der Küste und im Binnenland eine beachtliche Empörung aus. In der Öffentlichkeit wurde die Frage diskutiert, warum es in England schon seit 1824 sowie in Holland und Dänemark Rettungsstationen mit Rettungsbooten an der Küste gab, aber nicht an deutschen Küsten, wo zahlreiche Schiffe strandeten, weil wichtige Schiffswege aus dem Kanal nach Bremen und Hamburg und um Skagen herum in die Ostsee führten. Die Handelsseefahrt wurde damals noch fast ausschließlich von Segelschiffen betrieben, die von Stürmen aus Nordwest auf die Strände der Ostfriesischen Inseln, bei solchen aus Südwesten auf die Nordfriesischen Inseln gedrückt wurden. Auch die neu aufkommenden Dampfer gerieten durch Unwetter und Navigationsfehler in die Brandung der Sandbänke und Inselstrände - auf Borkum, wie auf Amrum und Sylt - und gingen zu Bruch. Und noch immer wurde den Tragödien der Strandungsfälle und dem Sterben der Seeleute tatenlos zugesehen. Aber unverändert spielte auch die Erwartung von Strandgut und Bergelöhnen in der Inselbevölkerung eine große Rolle.

Gründung der Rettungsgesellschaft

Erst im Jahre 1861 wurde angesichts der Zustände an deutschen Küsten in Emden ein Verein zur Rettung Schiffbrüchiger gegründet und Rettungsstationen auf Juist und Langeoog eingerichtet. Im gleichen Jahr folgten Rettungsvereine in Bremerhaven und Hamburg, nachdem sich der in Vegesack lebende Navigationslehrer Adolph Bermpohl sowie der Advokat Carl Kuhlmay in Aufrufen an die Öffentlichkeit gewandt hatten.

Es gelang dann dem Schriftleiter des Handelsblattes und späteren Professor an der Technischen Hochschule in Kassel, Arwed Emminghaus (1831 - 1916), die lokalen Rettungsvereine für eine gemeinsame Gesellschaft zu gewinnen und am 29. Mai 1865 in Kiel die Deutsche Gesellschaft zur Rettung Schiffbrüchiger (DGzRS) zu gründen. Erster Vorsitzender wurde der Vorsitzende der Bremer Handelskammer und Gründer des Norddeutschen Lloyd, der Konsul Hermann Henrich Meier (1809 - 1898), der die DGzRS mit Tatkraft über 33 Jahre lang förderte.

„So war dann dieses wahrhaft vaterländische deutsche Vereinswerk gegründet und hat gezeigt, dass auch an deutschen Küsten menschenfreundliche und gut ausgerüstete Helden bereit sind, in Seenot Gerathene zu retten und Deutschland von einem Makel zu befreien, der es unrühmlich auszeichnete, als andere seefahrende Nationen schon längst zweckmäßige Anstalten zur Rettung von Schiffbrüchigen getroffen hatten ..." hieß es in einer Verlautbarung zur Gründung der DGzRS.

Von Bremen aus, dem auch heute noch unverändert Sitz der DGzRS, begann dann der zügige Aufbau von Rettungsstationen an der gesamten deutschen Küste, von Borkum über alle Ostfriesischen Inseln bis hinauf nach dem damals noch deutschen Röm (seit 1920 wieder zu Dänemark gehörend), in niedersächsischen und schleswig-holsteinischen Küstenorten, sowie an der Ostseeküste zwischen Flensburg und dem Memelland und auf den Inseln Poel, Rügen und Hiddensee.

Um 1900 betrug die Anzahl der Rettungsstationen an der deutschen Nordseeküste reichlich 40, an der sehr viel längeren Ostseeküste um die 65 Stationen, insgesamt also über 100 Rettungsstationen der DGzRS. Je nach den Küstenverhältnissen standen hier Ruderrettungsboote in eigens dafür gemauerten Schuppen in Strandnähe oder Raketenapparate, die Rettungsleinen zu gestrandeten Schiffen schossen, um die Schiffbrüchigen über Hosenbojen an Land zu bergen. Für diese gewaltige Leistung wurden keine staatlichen Mittel und Hilfen in Anspruch genommen! Die DGzRS finanzierte ihre große Aufgabe durch Zuwendungen aus Kreisen der Seefahrt, durch Mitgliedsbeiträge und Spenden aus allen Teilen des Deutschen Reiches und durch „Sammelschiffe" an öffentlichen Plätzen. Diesem Prinzip ist die Deutsche Gesellschaft zur Rettung Schiffbrüchiger bis heute treu geblieben.

Zu den Stationen die bald nach Gründung der DGzRS eingerichtet wurden gehört auch eine solche auf Amrum - insofern erstaunlich, weil Amrum seit der Wikingerzeit bis 1864 zum Königreich Dänemark gehört hatte und erst im Jahr vorher, durch die preußisch-österreichische Eroberung der Herzogtümer in Schleswig-Holstein zunächst an Preußen bzw. an das wenige Jahre später gegründete Deutsche Reich fiel. Der Status, ob deutsch oder dänisch, war also noch vage, denn Österreich, zunächst mit Preußen verbündet, hatte nach dem Sieg über Dänemark eine Abstimmung im deutsch-dänischen Grenzraum verlangt, was von Bismarck aber verweigert wurde.

Trotzdem war es kein Zufall, dass Amrum ganz schnell mit einer Rettungsstation bedacht wurde, gab es doch kaum eine andere Küste in Nordeuropa, die mit ihren Untiefen und Sandbänken so gefährlich war, wie jene im Seebereich bei Amrum. Entsprechend häufig kam es zu Strandungsfällen, die sicherlich auch in Bremen, beim Vorstand der DGzRS nicht unbekannt geblieben waren. Die DGzRS hatte, entgegen ursprünglicher Bedenken – keine Mühe, auf Amrum immer genügend Rettungsmänner zu finden. gab es doch für den freiwilligen Einsatz, sogar für Übungsfahrten, eine willkommene und notwendige Zuwendung zum ärmlichen Inselleben. Ob dies nur eine Regelung für Amrum war, ließ sich nicht mehr klären

Amrum - In zehn Jahren über 40 Seenotfälle

Die Gefährlichkeit im Seebereich der Insel Amrum wird durch die nachstehende Liste mit über 40 Seenotfällen von 1860 bis 1870 dokumentiert und beweist die Notwendigkeit von Rettungsstationen auf Amrum.

1860

05.06.   Holländische Kuff „Verweithning", Kapitän H. S. Grothe von Christiania (Oslo) mit Brettern nach Bremen bestimmt - gestrandet auf Hörnum-Sand.

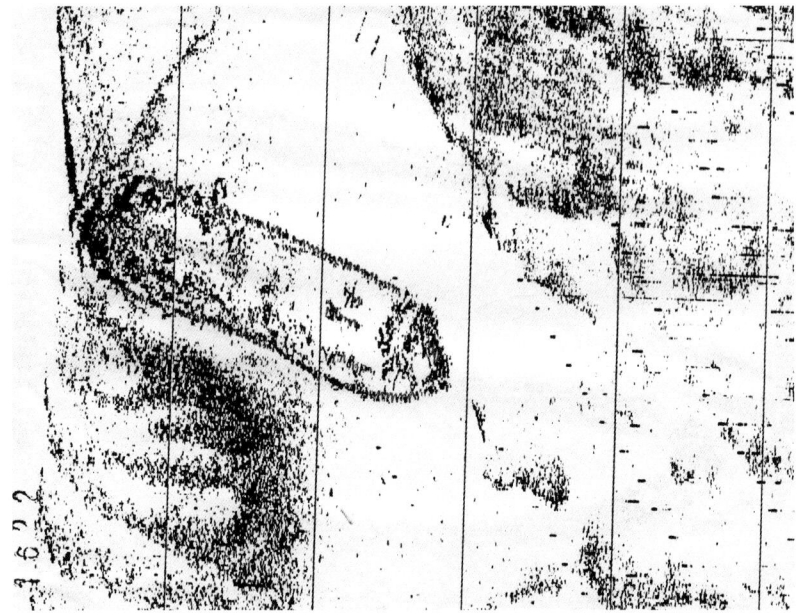

Hunderte Schiffe sind in früheren Jahrhunderten im Seebereich von Amrum versunken. Ihre zum Teil noch vorhandenen Reste werden durch Echogramme am Meeresboden sichtbar gemacht.

04.10. Schwedische Brigg „Primas", Kapitän C. A. Ryssberg, von Domsjö (Schweden) mit Planken nach Southampton bestimmt. Gestrandet bei Amrum.

05.10. Holländische Kuff, von Norwegen mit Brettern kommend, gestrandet auf Hörnum-Sand. An Bord der Schiffer, Frau, Sohn und 2 Mann. (Wegen der gestrandeten Schiffe nur wenige zum Gottesdienst in der Kirche). Alle rannten zum Strand.

08.10. Eine holländische Kuff auf Liinsand.

14.10. Ein gekentertes Schiff mit Balken auf Marschnak.

1862

06.04. Englische Brigg „Thomas Young", Kapitän Arlough, mit Kohlen von Shields nach Hamburg bestimmt - gestrandet bei Amrum.

07.04. Eine englische Brigg auf Hörnum-Sand.

18.10.   Föhrer Schiff „Engeline", Schiffer Jens Arfsten, gestrandet auf Seesand.

28.10.   Englische Brigg „Helene", Kapitän Waulehs, von Caen (Frankreich) in Ballast nach Sunderland (England) unterwegs - gestrandet bei Amrum.

28.12.   Hamburger Bark „India", Kapitän Seemann, von der Westküste Südamerikas kommend - westlich Seesand gestrandet. Die aus 12 Mann bestehende Besatzung wurde durch den Zollkreuzführer Matzen gerettet.

1863

01.09.   Ein englisches Schiff auf Hörnum.

31.10.   Englischer Schoner „Ann Griffelt", Kapitän G. D. Griffelt, gestrandet auf Amrum - wieder abgebracht.

02.11.   Ein Schiff in der Rütergat-Brandung.

14.11.   Norwegischer Schoner „Julius", Kapitän J. G. Borgen, von Drammen (Norwegen) mit Planken nach England - bei Seesand zertrümmert.

09.12.   Das Rostocker Schiff „Horus", Kapitän P. H. Zeplien, mit Holz von Danzig nach Hull (England) bestimmt, gestrandet auf Hörnum-Knob, später nach *Teeknob* getrieben. Ohne Besatzung. Für Amrum entwickelte sich dieser Strandungsfall zu einer Katastrophe. Bei dem Versuch, mit Booten der im Kniephafen liegenden Austernflotte zu dem von Menschen verlassenen Schiff zu gelangen, das einen hohen Bergelohn versprach, kenterten einige Boote und neun Männer verloren ihr Leben und hinterließen 25 Waisen in Norddorf. Später stellte sich heraus, dass die Mannschaft bei Mandal (Norwegen) das leck geschlagene Schiff verlassen hatte und in Sicherheit war. Der Kapitän Zeplien kam dann höchstselbst nach Amrum und durch Sammlungen in Rostock und in Hamburg (nach Aufruf des Reeders Sloman) kam eine hohe Spendersumme zustande, die dann allerdings sehr sparsam an die Hinterbliebenen verteilt wurde. (Siehe „Amrum-Chronik 1988")

1864

24.01.   Holländische Kuff „Elviena", Kapitän U. W. Pott, von Frederikstad (Norwegen) nach, Zwolle (Niederlande) mit Holz - nach Amrum eingebracht.

1865

19.04.   Ein Schoner auf Marschnack gestrandet.
23.10.   Emder Kuff, 50 Lasten groß, geborgen.

1867

06.04.   Ein Schiff auf Jungnamen, „Florence", ohne Masten und Besatzung über das Vortrapptief eingetrieben. Der Kapitän der anderweitig geretteten Besatzung kam nach Amrum. 20 Amrumer machten das Schiff mit Pumpen wieder lenz und brachten es zur Odde - dort Auktion auf Fleisch und Speck und später nach Steenodde, dort Auktion auf Tauwerk und Segel. Bergelohn für die „Florence" 6.000 Mark Courant und je 30 M. C., um das Schiff mittels Schleppdampfer „Goliath" nach Hamburg zu bringen.
28.02.   Ein Schiff bei Seesand gesunken.
18.11.   Hannoversche Tjalk „Tine Maria", Kapitän Soetje, von Grimstad (Norwegen) nach Bremen mit Holz bestimmt - gekentert bei Amrum angetrieben.

1868

17.03.   Ein Kanonenfahrzeug auf Kapitäns-Knob gestrandet. Ein Mann verunglückt, zwei Mann auf Kniep angekommen.
17.03.   Dänische Yacht „Mette Catharine", Kapitän Hansen, von Altona nach Varde (Dänemark) mit Stückgut bestimmt - gestrandet auf Kapitäns-Knob.
21.04.   Ein amerikanisches Schiff mit Guano auf der Süderhever gestrandet. 27 Mann geborgen und nach Wyk gebracht.
05.05.   Das Schiff „Christina Maria", Schiffer P. P. Jensen aus Rosenkranz (Tondern) mit Stückgut auf *Holtknob* gestrandet. Sechs Fahrzeuge und 24 Amrumer löschten die Ladung. Dabei wurden offenbar Güter entwendet, sodass der Landvogt nach Amrum kam und eine Untersuchung anordnete.
24.10.   Preußisches Schiff „Hoffnung" aus Rügen, Kapitän Banto, von der Jade nach Kiel bestimmt - gestrandet bei Amrum. Steuermann und

Koch retteten sich in den Mast und wurden vom Amrumer Rettungsboot geborgen. Der Kapitän und ein Matrose ertranken.

25.10. Eine spanische Yacht auf Hörnum-Sand. Zwei Mann durch das Rettungsboot geborgen, der Kapitän und ein Matrose verunglückten.

30.10. Eine Bark im Vortrapptief verunglückt, der Amrumer Strand lag voller Planken.

01.11. Schwedische Bark „Wilhelm", Kapitän Watson, von Gothenburg (Schweden) nach Dünkirchen (Frankreich) bestimmt - gestrandet auf *Holtknob* und zerschlagen. Mannschaft gerettet. Ca. 7.000 Planken am Amrumer Strand.

03.11. Am Strand ein Wrack, Tauwerk geborgen.

06.11. Französische Brigg „Fenelon" auf Kapitäns-Knob gestrandet. Kapitän. Le Mair, mit Holz von Christiania (Oslo) nach Dünkirchen (Frankreich) bestimmt. Sechs Mann der Besatzung konnten gerettet werden, aber die Frau des Kapitäns und seine fünfjährige Tochter starben auf dem Kniep an Unterkühlung.

28.12. Blankeneser Ewer „Venus", Kapitän Kröger, von Hamburg mit Getreide nach Ipswich (England) bestimmt. - In der Schmaltiefe bei Amrum zertrümmert. Die Mannschaft wurde gerettet.

1869

08.01. Zehn Fässer mit Alkohol (von einem gescheiterten Schiff) am Kniepsand, Amrum.

02.09. Eine. Brigg bei Jungnamen - von Volkert Quedens in die Schmaltiefe gelotst.

12.09. Ein Sylter Fahrzeug auf Seesand gestrandet, Ladung: Stückgut für Hamburg bestimmt, Kapitän Hans Jessen - Schiff und Ladung gingen verloren, die Besatzung rettete sich in die Seesand-Bake, wo sie zwei Tage später abgeholt wurde.

21.09. Englischer Schoner „West Lothian", Kapitän Th. Colon, von Granton (Schottland) nach Brake mit Kohlen bestimmt - gestrandet auf Amrum.

22.09. Französische Brigg „St.-Anne", Kapitän Goullard, von Sundswall (Schweden) nach St. Malo (Frankreich) mit Holz unterwegs - leck nach Amrum eingebracht.

1870

22.07. Krieg zwischen Frankreich und Deutschland. Um den Franzosen das Einsegeln zu den Nordfriesischen Inseln zu erschweren, wurde die weithin sichtbare Seesand-Bake verbrannt, aber bald nach Kriegsende wieder aufgebaut. (Eine ähnlich Unsinnstat des Militärs erfolgte im 1. Weltkrieg, als der aus dem 16. Jahrhundert stammende Leuchtturm am Weststrand von Wangerooge gesprengt wurde, um den Briten kein Seezeichen zu bieten.)

02.11. Hinaus nach einer Brigg ohne Masten im Land-Tief. Das Schiff hatte Holz geladen und trieb auf der Ladung. Am 03.11. lag das Schiff flott vor Anker im Vortrapptief und wurde von kleinen Amrumer Fahrzeugen entladen. Konsul Levy Heymann auf Amrum, um den Bergelohn zu regulieren.

12.11. Vollschiff „Örnen", von Hamburg nach Valparaiso (Chile) bestimmt, bei Süderoog-Sand gestrandet. Von 23 Mann der Besatzung ertranken 14, darunter der Kapitän. Ein Teil der Ladung konnte geborgen werden.

15.11. Ein Schiff mit Notflagge bei Jungnamensand, am nächsten Tag bei Hörnum auf den Strand gesetzt. Es handelte sich um eine holländische Kuff. Die Mannschaft wurde geborgen (vom Amrumer Rettungsboot?)

12.11. Schleswigsche·Galeasse „Elbe", Kapitän Nielsen von Sylt, von Altona mit Stückgut nach Hause - gestrandet bei Amrum

22.11. Nachts die „Duke of Northhumberland", englische Bark, Kapitän Morris, mit Reis von Rangoon (Burma-heute Myanmar) nach Bremen bestimmt, auf dem Schweinsrücken gestrandet. Die Mannschaft wurde geborgen. Am 16. Dezember auf Steenodde Auktion auf Reis.

Die erste Rettungsstation auf Amrum

Jn der Zeit, als die DGzRS gegründet wurde und Amrum geradezu die „Insel der Strandungsfälle" war, gab es etliche Insulaner, die Tagebücher schrieben. Allen voran Pastor Lorenz Friedrich Mechlenburg (1799 – 1875), der in Norddorf amtierende Lehrer Johann Martensen (1813 – 1894), der Leiter der Amrumer Austernfischerflotte Roluf Wilhelm Peters (1834 – 1911), sein Bruder, der Entenfänger in der Vogelkoje Meeram, Cornelius Wilhelm Peters (1836 – 1892) und der Strandvogt und Landwirt Boy Heinrich Peters, (1843 – 1913), mit den Vorgenannten nicht verwandt, brachten wichtige Ereignisse – und dazu gehörten vor allem Strandungsfälle – zu Papier und vermittelten neben den Personendaten ein intimes Bild über das alte Amrum. In den „Täglichen Notizen" von Pastor Lorenz Friedrich Mechlenburg lesen wir unter dem Datum 6. Oktober 1865: „Das Rettungsboot gekommen." Unter dem 28. Juni 1866: „Ein neues, kleines Rettungsboot."

Die erste Station lag am Kniephafen nordwestlich von Nebel, etwa dort, wo sich heute Strandhalle und Strandübergang befinden. Damals hatte der Kniepsand nur im Südwesten mit Amrum, von Wriakhörn bis in Höhe der Satteldune als breite und hohe Sandfläche mit der Insel Verbindung. Er setzte sich aber dann mit einem langen Nehrungsarm fort, der einen knappen Kilometer vor der Inselküste lag, halbwegs hinauf zum Norddorfer Strand. (Siehe Karte) Von Norden her griff also ein Naturhafen hinein, der noch gegen Ende des 19. Jahrhunderts so tief war, dass dort Austernkulturen betrieben wurden und im Winter Handelsschiffe zum Überwintern lagen.

Noch um 1900 war der Kniephafen so tief, dass man auch bei Niedrigwasser nicht hindurch waten konnte. Also ein idealer Schutzhafen für die Boote der Amrumer Schiffer und für das Rettungsboot, das bei einem Einsatz um die Kniepsand-Nehrung herum in die Nordsee fuhr. Zeitweilig war der Kniep auf der Höhe von Hörn aber auch durch einen Priel, dem Randel durchbrochen, der ein direktes Hinausrudern bzw. -segeln ermöglichte. Das erste Boot hieß „Theodor Preußer", hat sich aber offenbar nicht bewährt, sodass schon im folgenden Jahr ein neues Boot stationiert wurde.

Über die Ausrüstung der ersten Amrumer Rettungsstationen ist in den Jahrbüchern der DGzRS ab 1868 zu lesen, dass hier ein 28 Fuß (ca. 8,40 Meter) langes „Francis-Boot" liegt und mit acht Riemen gerudert wurde. (Francis war ein geachteter Bootskonstrukteur, ansässig in New York) Die Besatzung des ersten Amrumer Rettungsbootes wird aus Männern von Nebel und Süddorf gebildet worden sein, da diese beiden Dörfern der Station am nächsten lagen. Der erste Vormann des Rettungsbootes soll ein Seemann aus der Familie Matzen gewesen sein.

Diese Amrumer DGzRS-Station hatte keinen langen Bestand. Von Südwesten her wanderten riesige Sandmassen heran - vermutlich im Zusammenhang mit dem Abbau des großen Seesandes - und der Kniephafen begann zu versanden. Schon 1867 musste die Station um einen knappen Kilometer nach Norden verlegt werden, eben unterhalb des Inselbogens Hörn. Offenbar handelte es sich sowohl bei der ersten wie auch der zweiten Amrumer Station um Bootsschuppen aus Holz, da an beiden ursprünglichen Stätten keinerlei Ziegelsteinreste zu finden sind. Für die zweite Station meldet das Jahrbuch 1868, dass sich das 28 Fuß lange „Francis-Boot" durch ein System von Rollen zu Wasser bringen lässt, sodass keine Pferde für den Transport benötigt werden. Aber auch hier am Hörn hatte die Rettungsstation keine dauernde Bleibe. Unheimlich rasch schritt die Versandung des Kniephafens fort und schon 1876 wurde eine erneute Verlagerung nach Norden erforderlich, wieder um einen knappen Kilometer an eine Stelle, die Baatjes-Stich genannt wurde. Hier wurde ein massiver Bootsschuppen aus Ziegelsteinen mit beheizbaren Räumlichkeiten errichtet, wofür die DGzRS über 5.000 Mark aufwendete. Der beheizbare Raum wurde wegen der Entfernung nach Norddorf als notwendig erachtet, um die oft völlig durchnäßten Schiffbrüchigen zu versorgen. Auf dieser neuen Station wurde ein „leichteres Boot auf einem Wagen stationiert, welcher bei jedem Wasserstand operieren und auch zu entfernten Strandungsstellen hingefahren werden konnte. Das Boot ist 20 Fuß lang und 7 Fuß breit, aus canneliertem Eisenblech, vom Bootsbauer H. Havighorst in Rönnebeck erbaut ..." heißt es im Jahrbuch 1876/77.

Erstaunlicherweise blieb auch die Station am Hörn noch erhalten. „Weil aber der Transport des Bootes aus dem Schuppen durch den Sand bis zum Wasser viel Zeit und Mühe kostet, ist jetzt ein doppeltes Geleis gelegt,

Die Station „Kniephaven" (Baatjes-Stich) in den 1950/60er Jahren als Jugendheim. In der Mitte der ursprüngliche Schuppen für das Ruderrettungsboot. Das Tor zum Strand wurde zugemauert und mit einem Fenster versehen.

auf dem das auf einen niedrigen Wagen liegende Boot hinausgeschoben werden kann. Alsdann wird es an einer dünnen Kette, die ziemlich weit an einem Anker draußen in See liegt, in tieferes Wasser gezogen, bis die Mannschaft mit Riemen arbeiten kann." Diese Station, Kniephafen I genannt, blieb noch bis zum Jahre 1888 bestehen und musste dann wegen Versandung aufgegeben werden. Hier lag unverändert das Boot „Theodor Preußer I"

Dafür wurde dann neben der Station Baatjes-Stich noch weiter nördlich, in Höhe des Norddorfer Strandüberganges, 1889 eine weitere Station mit massiven Schuppen und einer Helling für den Ablauf des Rettungsbootes in den Kniephafen , eingerichtet. Diese Station wurde später Station Nord genannt und blieb bis in die 1930er Jahre in Funktion.

Aber auch Baatjes-Stich mit dem Rettungsboot „Chemnitz" blieb noch etliche Jahre bestehen. Entsprechend ihrer Nähe zu Norddorf wurde die Besatzung des Rettungsbootes von Norddorf gestellt, ebenso der Vormann Flor. Durch die vielen Wege nach dorthin zu Einsätzen und Übungs-fahrten, prägte sich ein deutlich markierter Weg in die Dünen- und Hei-delandschaft, der heute noch vorhanden ist.

Auch der gemauerte Schuppen der Station Baatjes-Stich blieb noch lange erhalten und hat verschiedensten Zwecken gedient. Von 1918 bis 1930 war er das Armenhaus auf Amrum und wurde von der obdachlosen Familie Johannsen bewohnt, die sich dann aus eigener Kraft aus der Armut befreien konnte und in Norddorf zu Wohneigentum und Wohlstand gelangte. Bei Kriegsende wurde Baatjes-Stich dann für einige Zeit mit Flüchtlingen aus dem deutschen Osten belegt (Fam. Grönda mit 5 Kindern), die zuerst in Norddorf bei Leonore und Johannes Köster untergebracht waren, ehe sie umquartiert wurden).

Im Jahre 1951 entdeckte der Steuerinspektor Lorenzen das wieder leerstehende Gebäude und richtete hier ein Freizeitlager für Jugendliche aus Grenzgebieten des 1945 zusammengebrochenen Deutschen Reiches ein, wobei das ursprüngliche Gebäude des DGzRS-Schuppens·durch einige Nebengebäude erweitert wurde. 1965 endete die Arbeit der Grenzlandjugend und bald wehte von allen Seiten durch offene Türen und Fenster der Sand hinein. Noch einmal fand dann der Bootsschuppen für einige Jahre als Strandkorb-Winterquartier hiesiger Strandkorbvermieter einen weiteren Verwendungszweck, ehe 1985 der Abbruch der verwinkelten Gebäudes und die Zurückverwandlung in reine Natur erfolgte und die Ruine von einer Düne überdeckt wurde.

Die Station Nord

𝔙 on Süden her erfolgte unverändert eine dynamische Sandzufuhr aus der Nordsee gegen die Amrumer Westküste, sodass die Rettungsstationen am Kniephafen der Versandung weichen und einige Male nach Norden verlegt werden mussten. Bei der Station Baatjes-Stich hatte man sicherlich mit einem längeren Bestand gerechnet und deshalb 1876/77 einen geräumigen Bootsschuppen aus Ziegelsteinen errichtet. Doch schon im DGzRS-Jahrbuch 1888/89 heißt es: „Die Station Kniephafen I ist wegen der Versandung nach Norden verlegt und daselbst ein massiver neuer Schuppen mit einer Helling erbaut ...“

Die Station Nord am Norddorfer Strand mit dem Ablaufslip für das Ruderrettungsboot. Ganz rechts der Bootsschuppen, davor die Schutzhütte des Seehospizes und darüber die Strandhalle des Hotels Hüttmann.

Das Bild dieser Station ist dann in den folgenden Jahren durch Fotografien gut belegt, wurde hier doch bald nach Gründung des Seebades Norddorf durch die Seehospize und das Hotel Hüttmann der Badestrand eingerichtet. Die zugehörigen Ansichtskarten gingen nun durch die Welt und mittendrin immer die Rettungsstation mit ihrer bis in den Kniephafen hineinreichenden Helling, einem stabilen Balkengestell mit der Ablaufbahn für das auf einen Wagen liegende Rettungsboot. Nicht selten versammelten sich dann auch Kurgäste an dieser Ablaufbahn, um den Einsatz des Rettungsbootes bei Strandungsfällen oder Übungsfahrten zu beobachten. Und immer wieder war auch ein Fotograf zur Stelle. (Siehe: Allerhöchster Besuch)

Doch die Versandung des Kniephafens erreichte in den 1920er Jahren auch die Station Nord und statt der Helling, der Ablaufbahn, musste das Rettungsboot 1927 auf einen Wagen mit breiten Eisenrädern gelegt und bei einem Einsatz fortan über den nun trockenen Kniepsand in die Nordseebrandung gezogen werden. Zu diesem Zweck waren die Norddorfer Landwirte Boy Peters, Heinrich Schult, Ermin Martinen und Georg Köster reihum verpflichtet, im Winter ihre Pferde scharf, d. h. mit Hufeisen beschlagen, zu halten.

Das erste Ruderrettungsboot der Station Nord hieß „Theodor Preußer", das schon seit 1884 auf der Station Baatjes-Stich und vorherigen Kniephafenstationen gelegen hatte. Am 30. Oktober 1890 sollte dieses Boot bei einem vergeblichen Rettungseinsatz eine tragische Rolle spielen, als zwei Rettungsmänner, Familienväter aus Norddorf, ihr Leben verloren. (Siehe: Todesfahrt der „Theodor Preußer") Die Rettungsboote aus den ersten Jahrzehnten des Rettungswesens wurden gerudert, konnten aber mit kurzen Masten gesegelt werden. Die Besatzung bestand aus 8 - 10 Mann, dazu der Vormann, der das Boot steuerte und die entsprechenden Kommandos gab. Zu den ersten Vormännern der Amrumer Kniephafen Stationen gehört der aus Norddorf stammende Volkert Ricklef Flor (1841 – 1915), der vom Ende der 1870er Jahre bis 1908 hier Vormann war, zuletzt der Station Nord. (Siehe: Vormänner von Generation zu Generation). Ihm folgte der nicht weniger kernige Schiffer und Seemann Gerret Peters

Das Rettungsboot der Station Nord wurde über eine stabile Slipanlage mittels Ablaufwagen im Kniephafen zu Wasser gebracht.

(1864 - 1944), ein auch bei Kurgästen lebenslang geachtetes Insel-Original. Gerret Peters war Vormann von 1908 bis 1932, zuletzt auch noch der Station Amrum-Odde, als die Station Nord wegen Versandung fast keine Bedeutung mehr hatte und aufgegeben wurde.

Das erste Amrumer Rettungsboot hieß „Theodor Preußer". Aber im Jahrbuch 1885 heißt es: „Das alte Rettungsboot der Station Kniephafen ist seit 1865 im Dienst und verschlissen, sodass sich eine Reparatur nicht mehr lohnt. Außerdem hat es auf verschiedenen Rettungsfahrten im Boden und an den Seiten tüchtige Beulen erhalten. Ein Ersatz ist dringend notwendig ..." Die Kosten dafür wurden auf 2800 Mark veranschlagt und genehmigt. Anstelle der „Theodor Preußer" wurde nun ein neues Rettungsboot, 8,5 m lang, aus canneliertem Stahlblech gebaut, mit einem Stechschwert versehen und zum Rudern und Segeln eingerichtet." Das neue Boot hieß „Chemnitz" und lag nun in den nachfolgenden Jahren auf den nach Norden wandernden Stationen am Kniephafen, zuletzt in Baatjes-Stich bis zum Jahre 1912. In diesem Jahr war die Versandung des Kniephafens so weit fortgeschritten, dass diese Station endgültig aufgegeben werden musste und sich das Rettungswesen an der Amrumer Westküste auf die Station Nord am Norddorfer Strandübergang konzentrierte. Das hier liegende Rettungsboot hieß wie ein Vorgängerboot „Theodor Preußer" und blieb auf der Station bis zum Jahre 1901, ungeachtet der Tatsache, dass dieses Boot am 30. Oktober 1890 bei Hörnum in einer Grundsee kenterte und beschädigt wurde, trotzdem aber offenbar seine volle Funktionsfähigkeit behielt.

Erst 1901 wurde die „Theodor Preußer" durch das Rettungsboot „Emile Robin" ersetzt, das hier darin bis zur Aufgabe der Station Nord Ende der 1930er Jahre lag. Im Jahrbuch 1902 ist zu lesen: „Das Rettungsboot der Station Nord ist durch ein neues, 9,30 m langes Rettungsboot ersetzt, weil das alte Boot nach einer im August v. J. erlittenen starken Beschädigung ausrangiert werden musste. Das neue Boot ist nach unserem Ehrenmitglied Emile Robin benannt. Auch die Helling dieser Station, das stabile Balkengestell der Ablaufbahn, wurde einer Reparatur unterzogen."

Während des 2. Weltkrieges blieb das Rettungsboot nach Aufgabe der Station unverändert auf seinem Ablaufwagen liegen und wurde wenige Jahre nach Kriegsende an den einheimischen Schiffer Victor Quedens verkauft. Dieser richtete das Boot als Ausflugsschiff für Kurgäste ein und nannte es

„Möwe". Jahrelang war es noch so in Funktion, bis es bei einem Sturm am Strand von Utersum auf Föhr strandete. Der aus Ziegelsteinen gemauerte Bootsschuppen wurde von der Gemeinde Norddorf erworben und mit Badekabinen, Sanitäranlagen und andere Zwecke für den Fremdenverkehr eingerichtet. In ähnlicher Funktion ist die Station Nord bis heute am Strandübergang Norddorf erhalten.

Station Nord - Allerhöchster Besuch

Die Rettungsstation Nord direkt am Norddorfer Badestrand nahe der Landungsbrücke für die Schiffsverbindung von Amrum nach Hörnum zwecks Anschluß an den HAPAG-Seebäderdienst nach Hamburg, hat oft das Interesse der Kurgäste erregt, die sich bei Einsätzen und Übungsfahrten an der langen Helling, der Ablaufbahn für das Rettungsboot in den Kniephafen, versammelten. Am 11. Juli 1892 aber erhielt die Station allerhöchsten Besuch, nämlich den des Prinzen Heinrich mit Gefolge. Prinz Heinrich war ein Bruder des letzten deutschen Kaisers Wilhelm II und wäre bei dessen plötzlichen Ableben Regent des Deutschen Reiches geworden.
Prinz Heinrich (1862 - 1929) und seine Familie bekamen durch Pastor Bodelschwingh

Prinz Heinrich, 1892 barfuß am Gangspill der Station Nord.

Beziehungen zu den Seehospizen in Norddorf und verbrachten hier einige Male ihre Sommerfrische. Eines der Einzelhäuser des Seehospizes I war das Sommerquartier der hohen Familie und erhielt den Namen Prinzenhaus.

Am 11. Juli 1892 erschien also Prinz Heinrich auf der Station Nord und der Vorsteher des Ortsausschusses der DGzRS Amrum, Julius Schmidt, berichtete das Folgende an den Leiter des Bezirksvereines, den Postdirektor Picker in Husum: „Sehr geehrter Herr Direktor! Ich kann Ew. Wohlgeboren die Mitteilung machen, dass am 10. Juli 1892 Seine Königliche Hoheit, der Prinz Heinrich, hier angekommen ist und zwar in Civil und unerkannt. (worüber es noch einige amüsante Anekdoten gibt, d. V.) Gestern nachmittag hat Se. Kgl. Hoheit die Station in Risum (Flurname am Norddorfer Strand) mit einem Besuch beehrt. Nachdem der Vormann Volkert Ricklef Flor gerufen war, musste auf Wunsch das Rettungsboot zu Wasser gelassen werden. Ihre Kgl. Hoheit, der Prinz und die Prinzessin Irene, Graf Hahn und Hofdamen befanden sich im Boot. Sobald das Boot flott geworden war, wurde es wieder auf die Helling gebracht und aufgezogen. S. Kgl. Hoheit war selbst mit bei der Arbeit, hatte sich barfuß ausgezogen und nahm eine Speiche des Gangspills zur Hand, um die hohen Damen mit aufzuwinden. Nachher wurde auf Wunsch noch eine Leine ausgeschossen, wobei S. Kgl. Hoheit ebenfalls mithalf. Es wurde dann von den hohen Herrschaften auf der Station Kaffee getrunken. Dieselben hielten sich da 2 - 3 Stunden auf.“

Prinz Heinrich barfuß und am Gangspill das war für die Station Nord schon ein bewegendes Ereignis! Prinz Heinrich von Preußen war übrigens Ehrenpräsident der DGzRS und hatte in dieser Funktion natürlich eine besondere Beziehung zum Rettungswerk.

Station Amrum Odde

Im Jahre 1912 wurde eine weitere Rettungsstation im Norden der Insel Amrum eingerichtet, und zwar - ganz ungewöhnlich - am Wattufer der Nordspitze, querab vom sogenannten Letj Bakerdääl (Kleines Seeschwalbental). Hier lag das vorherige Rettungsboot der Station Süd, die „Picker“, allerdings ohne Schuppen, sondern draußen im Priel an einem Ankerstein, einer sogenannten Muring. Nahe der Küste wurde hierfür ein Wellblechschuppen auf einer noch heute sichtbaren Zementplattform errichtet, in dem sich Brennstoff und Materialien für das Rettungsboot befanden. Später wurde am Ufer ein festes Gebäude für die genannte Versorgung und Ausrüstung errichtet - auch dessen Mauerreste sind noch an der Dünenkante am Wattufer vorhanden. Vormann dieser Station war ebenfalls Gerret Peters aus Norddorf, und es sind auch Rettungseinsätze verzeichnet. Im Jahre 1929 wurde das Rettungsboot „Picker" durch das Rettungsboot „Carl Laeisz", das vorher in Munkmarsch auf Sylt gelegen hatte. Aber schon im folgenden Jahr, 1930, wurde die Station Amrum Odde aufgelöst, weil das dortige Rettungsboot immer nur bei Hochwasser einsatzfähig war.

Station Steenodde Amrum

Zur Sicherung des Seebereiches südlich von Amrum wurde schon im Jahre 1868 eine Station auf Steenodde eingerichtet, da die eigentliche Südspitze Wittdün noch unbewohnt war und hier keine Bootsmannschaften gestellt werden konnten. Im Jahrbuch 1868/69 heißt es dazu: „Auf Steenodde ist eine neue Station erbaut mit einem Boot von 26 Fuß (ca. 7,80 m) Länge, gebaut nach dem Peakschen System. Der Schuppen liegt beim Lagerplatz der Tonnen und wird einen Helling erhalten. Für die Mannschaft ist gesorgt."

Kapitän Hinrich Philipp Ricklefs, Vormann der Station Steenodde.

Schon 1870 erhielt die Station Steenodde ein neues Boot, gebaut auf der Werft von Lorenzen in Wyk, versehen mit einem Seitenluftkasten und innen und außen mit einem Korkgürtel. Das Boot hieß „Elberfeld". Der Vorsteher und damit auch Vormann dieser Station war der frühere Kapitän Hinrich Philipp Ricklefs. Derselbe hatte in den Jahren 1854/55 Schiffe der Hamburger Reederei Sloman mit Auswanderern nach New York geführt und war später Kapitän der Bark „Insulana" der Reederei Köster und der Brigg „Bernhard" der Reederei Dreyer in Altona. Mit diesem Schiff holte er Guano, (Seevogeldünger), von der Westküste Südamerikas. Nachdem er die Seefahrt bedankt hatte, war er in Steenodde Kommissar der Austernfischerei und Tonnenleger. Hinrich Philipp Ricklefs ist Stammvater der noch heute auf Steenodde lebenden Familie. Er lebte von 1824 bis 1886.

Im Jahre 1881 wurde die Station Steenodde, die doch etwas abseits des Strandungsgeschehens lag, aufgelöst und über eine neue Station an der Amrumer Südküste diskutiert, zumal das Rettungsboot von Steenodde wegen der Strand- und Wattverhältnisse nur bei Hochwasser zum Einsatz gebracht werden konnte und die Besatzungen gestrandeter Schiffe dann öfter durch andere Amrumer Boote gerettet wurden.

Die Station Amrum Süd

Zunächst wurde die Stationierung eines Rettungsbootes am Amrumer Südstrand nahe des neuen, 1875 erbauten Leuchtturmes, erwogen, weil „dort der Strand hart und steil ist und das Zuwasserlassen des Bootes mit Hilfe des Transportwagens ohne Pferde von der Bootsmannschaft allein bewerkstelligen läßt. Hier kann das Boot zu jeder Zeit zu Wasser gelassen werden und befindet sich in kaum einer Seemeile Entfernung von der in südwestlicher Richtung liegenden gefährlichsten Sandbank an der Amrumer Südküste, dem Kapitäns-Knob. Das alte hölzerne Boot, welches durchaus nicht mehr zuverlässig ist, soll nach allgemeinem Wunsch durch ein leichtes Boot aus canneliertem Eisenblech, welches zum Rudern und Segeln eingerichtet ist, ersetzt werden".

Die Amrumer Südspitze Wittdün (Witjdün) war noch unbewohnt. Erst in den Jahren 1889/1900 wurden das Seebad gegründet und erste Hotels und Logierhäuser für den sommerlichen Fremdenverkehr erbaut. Aber noch um 1900 bestand Wittdün aus wenigen Gebäuden am Strande und im Gewoge der Dünen, fast alle von auswärtigen Interessenten gebaut. Die Folge war ein völliges Fehlen einer Rettungsmannschaft auf der Südspitze Wittdün. Trotzdem entschloss sich die DGzRS wegen der unmittelbaren Nähe zu gefährlichen Strandungsstellen zur Anlage einer Station, und zwar auf der äußersten Südspitze, die damals noch weiter bis an die Norderaue reichte. Hier wurde 1881 ein massiver Bootsschuppen errichtet und 1883 mit einer bis an das Wasser der Norderaue reichenden Helling versehen. Das neue Rettungsboot behielt den Namen „Elberfeld". Es war 8,50 m lang, gebaut bei F. K. Stilkenboom in Süderneuland bei Norden. „Das Boot steht auf einem Wagen, wird leicht mit einer Winde zu Wasser gelassen und wieder in den Schuppen zurückgeholt." heißt es im Jahrbuch 1883/84.

Das Problem war aber - wie erwähnt - die Besetzung mit einer Mannschaft, weil das nächstgelegene Dorf Süddorf nicht über eine ausreichende Bevölkerung verfügte. Die Besatzung wurde deshalb für die Einsätze mit einem Pferdefuhrwerk aus Nebel und Süddorf herangebracht, und als Vormann zeichnete spätestens ab 1. Dezember 1893 Carl Philipp Meyer. Er war Tischler und Zimmermann und einige Jahre Seefahrer gewesen und als solcher für das Amt prädestiniert, zumal er schon seit 1875 zur Rettungsmannschaft der Station Hörn gehört hatte. Carl Philipp Meyer, geboren am 29. September 1850, war verheiratet mit Wilhelmine Mathilde Simons und hatte mit ihr 8 Kinder. Bis 1910 war er Vormann der Station

Die aus Ziegelsteinen erbaute Station Süd auf der äußersten Südspitze von Wittdün, 1916 durch eine Sturmflut zerstört.

Amrum Süd in der Nachfolge seines Vaters Volkert Quedens Meyer (1828 - 1905) und seines Großvaters Claus Meyer (1803 – 1883), der als Fischer, wie etliche andere aus Blankenese in den 1820er Jahren nach Amrum eingewandert war. Drei Generationen als Vormänner der Station Süd auf dem Rettungsboot „Elberfeld"!

Das Rettungsboot der Station Amrum Süd zeichnete sich durch eine Vielzahl von Rettungseinsätzen aus. Das lag auch an den Meldungen aus dem Amrumer Leuchtturm, deren Wärter verpflichtet waren, die Vorgänge auf See zu beobachten und seit 1902 per Telefon mit den DGzRS-Vormännern auf Amrum verbunden waren. Die Station Amrum Süd bestand aus einem massiv gemauerten Bootsschuppen, wo das Rettungsboot „Elberfeld" lag. Doch Sturmfluten bauten die Amrumer Südspitze ab, bis die Station im Februar 1916 einstürzte, aber zu dieser Zeit diente sie ohnehin nur noch als Materiallager.

Das Rettungsboot „Elberfeld" war schon 1913 von der Station abgezogen und durch das gedeckte Rettungsboot „Picker" ersetzt worden. Die „Picker", genannt nach dem verdienstvollen Regionalchef der DGzRS in Husum, lag aber ohne Bootsschuppen frei auf der Reede am Nordufer von Wittdün am später so genannten Hafenpriel, der bis nach Steenodde hinaufführte. Vormann war seit 1910 der Strandvogt und Hotelier Volkert Martin Quedens, der in Wittdün wohnte. Zu dieser Zeit war das junge Seebad auf der Amrum Südspitze bevölkerungsmäßig auch schon so gewachsen, dass eine Rettungsmannschaft gestellt werden konnte. Diese mussten nicht mehr umständlich von Nebel herantransportiert werden. Als dann ein Jahr später, 1914 durch das Wasserbauamt der Seezeichenhafen erbaut wurde, bekam die DGzRS für ihr Rettungsboot einen dauernden Liegeplatz an der langen Mole des Hafens. Die „Picker" war allerdings schon 1912/13 zur Station Amrum Odde verlegt worden und das neue Rettungsboot der Station Amrum Süd hieß „Hermann Frese". Nach dem Tod des Vormannes Volkert Martin Quedens im Jahre 1918 war zunächst der Seemann Gerret Peters Vormann der Station Süd geworden, ehe Carl Quedens, ein Sohn des Vorgenannten diese Aufgabe übernahm.

Carl Quedens zeichnete sich durch einige mutige Rettungseinsätze aus, gehörte dann aber doch nicht zu denen „Die Gott zur Rechten sitzen" (DGzRS). Weil er bei einem Strandungsfall des Hamburger Dampfers

„Albis" am 24. November 1922 als Vormann der „Hermann Frese" auf den gesunkenen Dampfer übergesprungen war und sich mehr für evtl. Bergungsmöglichkeiten als für die Rettung der Besatzung interessiert hatte, (Siehe „Die Vormänner der Amrumer Rettungsstationen") blieb ihm eine Rettungsmedaille versagt. Die „Hermann Frese" war eines der ersten Rettungsboote der DGzRS, das mit einem Motor ausgestattet war. Dieser wurde dann im Jahre 1935 durch einen neuen 35 PS-Motor ersetzt. In den 1920/30er Jahren verzeichnete das Rettungsboot der Station Wittdün-

Eines der ersten Motorrettungsboote der DGzRS, die „Hermann Frese", hier auf Station im winterlichen Seezeichenhafen.

Seezeichenhafen etliche Einsätze. Aber dann wurde die „Hermann Frese" im Eiswinter 1940/41 selbst von einer eigenartigen Havarie betroffen. An der Mole des Seezeichenhafens vertäut liegend, wurde das Boot von Eisschollen überlagert und schließlich unter Wasser gedrückt, sodass eine aufwendige Bergung und Reparatur des Motors notwendig wurden. Ansonsten wurde das Rettungsboot im Laufe der Weltkriegsjahre (1939 - 45) nicht mehr zu Seenotfällen gerufen. Kriegsbedingt ruhte die Seefahrt an deutschen Küsten ganz. Aber die hier stationierten Rettungsboote waren öfter im Einsatz, um Besatzungen aus abgeschossenen deutschen und feindlichen Flugzeugen zu retten, die mit dem Fallschirm abgesprungen waren. Das Rettungsboot mit dem Hansekreuz wurde auch von britischen Tiefliegern verschont, die wie aus dem Nichts auftauchten und auf alles schossen, was sich am Boden bewegte, auch auf Mütter mit Kinderwagen! Zweimal wurde auch der Liniendampfer der WDR unter Feuer genommen, das eine Mal der Kapitän Wilhelm Nommensen auf der Kommandobrücke kurz vor Wittdün tödlich getroffen, ein anderes Mal auf der Reede vor Wyk, wo 11 Menschen ihr Leben verloren. Das Rettungs-

Durch Eis unter Wasser gedrücktes Rettungsboot „Hermann Frese“ im Winter 1940/41 im Seezeichenhafen.

boot lag während der Kriegsdauer aber vor allem in Hörnum, weil durch die dortige Flak am ehesten mit Flugzeugabschüssen zu rechnen waren.
Im Jahre 1944 war, in dritter Generation, Volkert Quedens, der Sohn von Carl und Enkel von Volkert Martin Quedens, Vormann der Station Amrum geworden. Er war bei der Marine in Belgien und in der Ostsee eingesetzt, doch von der DGzRS auf seine Initiative hin, für den Rettungsdienst freigestellt und nach Amrum entlassen worden. Die „Hermann Frese“ blieb auch nach Kriegsende noch auf der Station Amrum. Sie wird zuletzt im Jahrbuch 1949/50 genannt.

In den ersten Nachkriegsjahren wechselten die Rettungsboote „Bremen" und „Rickmer Bock" mehrfach zwischen den Stationen Hörnum und Hafen Amrum. 1947 lag die „Geheimrat Sartori" zunächst in Hörnum und die „Bremen" im Hafen Amrum. Mit diesem Rettungsboot kämpfte sich der Vormann Volkert Quedens durch das fast völlig zugefrorene Wattenmeer nach Hooge und Pellworm, um die von Anfang Januar bis Mitte März von jeglicher Verbindung mit dem Festland abgeschnittene Bevölkerung mit Lebensmitteln zu versorgen.

1949 wurde die „Bremen" zwecks Umbau nach Bremen zurückbeordert und das Rettungsboot „Matthäus Möller" auf Amrum stationiert, aber schon 1951 durch die „Rickmer Bock" ausgewechselt. Auch dieses Boot musste dann im strengen Eiswinter 1954 schwierige Versorgungsfahrten nach Pellworm bestehen. Die „Rickmer Bock" wurde 1955 nach Hörnum verlegt und Amrum war ohne eine DGzRS Station. Erst 1961 wurde Amrum wechselweise mit Hörnum durch die umgebaute „Bremen", wieder in den Kreis der Nordsee Stationen einbezogen, ehe es dann ab 1962 wieder zu einer festen Stationierung im Amrumer Hafen kam. Dort

Das Rettungsboot „Rickmer Bock" kämpfte sich durch das Packeis des Winters 1954 zu den Halligen und nach Pellworm, um die Bevölkerung mit lebensnotwendigen Dingen, Lebensmitteln und Medikamenten zu versorgen.

lag die neue „Bremen" mit dem aus Büsum stammenden Vormann Jörn
Matthiesen.

Die Zeit der Ruderrettungsboote und der gedeckten Motorrettungsboote
war vorbei. Die Station Nord bei Norddorf mit dem Rettungsboot „Emile
Robin" war 1949/50 aufgelöst, und es standen Neukonstruktionen an.
Dafür war die „Bremen" ein Prototyp. Das 17,50 m lange Rettungsboot
zeigte den für spätere Seenotkreuzer typischen Turmaufbau und entwickelte mit einem 250 PS-Motor eine Geschwindigkeit von 10 Seemeilen
(ca. 18 km).

Am 1. Oktober 1963 trat der Amrumer Harry Tadsen als Vormann in den
Dienst der DGzRS und konnte sich und die „Bremen" bald darauf mit
einer kühnen Rettungstat in die Geschichte der DGzRS einschreiben. Am
31. Juli 1964 strandete westlich von Amrum der Erzfrachter „Pella" und
brach am 2. August mit großem Getöse auseinander. In einem etwa drei-
stündigen Rettungsmanöver konnten alle 25 Mann der Besatzung durch
die auf Amrum stationierte „Bremen" geborgen werden, eine der größten
Rettungstaten der Gesellschaft (Siehe „Gerettet aus Seenot").

*Das Rettungsboot „Bremen" - hier im Seezeichenhafen Wittdün mit Büsumer Krabbenkuttern
– stand am Anfang der Entwicklung zu den heutigen Rettungskreuzern.*

Seenotrettungskreuzer der Station Amrum Hafen

D ie „Bremen" lag aber nur drei Jahre im Seezeichenhafen. Im Mai 1965 wurde sie abgezogen und die Station Amrum erhielt den Seenotrettungskreuzer „Ruhr-Stahl", benannt nach der mächtigen Stahlindustrie des Ruhrgebietes und deren Unterstützung beim Bau des Rettungskreuzers, mit Tochterboot „Tünnes", benannt nach einem Kölner Original (Tünnes und Scheel). Den technischen Fortschritt bei den neuen Schiffstypen der DGzRS ergeben die folgenden Daten der „Ruhr-Stahl", die 1957/58 bei Bardenfleth an der Weser gebaut wurde: Länge 23 m, Breite 5 m, Motorleistung für die Hauptschraube 1250 PS, ein zweiter Motor für die beiden kleineren Schrauben je 150 PS, Geschwindigkeit 20 Knoten, etwa 32 km/h. Das Schiff hatte einen Tiefgang von 1,50 m und war deshalb für den Einsatz im flachen Wattenmeer mit dem erwähnten „Tochterboot" in der Heckwanne ausgerüstet, so wie die anderen und späteren Rettungskreuzer auch. Natürlich war die "Ruhr-Stahl" auch mit allen Kommunikationsgeräten, die sich zunehmend die Welt eroberten, ausgestattet. Die Besatzung bestand aus acht Mann, zunächst Jörn Matthiesen als Vormann, dem 1970 Harry Tadsen folgte.

Der Einsatzbereich des Amrumer Kreuzers reichte von Helgoland bis zur dänischen Grenze. Schon vor der Stationierung auf Amrum hatte die „Ruhr-Stahl" in Cuxhaven gelegen und hier auf 83 Einsatzfahrten 35 Menschen gerettet. Für die Zeit der Stationierung auf Amrum konnte die „Ruhr-Stahl" zahlreiche Einsätze von Krankentransporten bis zu Rettungsfahrten verzeichnen (Siehe „Gerettet aus Seenot"), musste aber selbst auch eine eigene Strandung verzeichnen, als am 15. Januar 1968 die von Dagebüll auslaufende WDR-Autofähre „Pidder Lyng" bei orkanartigem Sturm durch Treibeis die Ruderanlage verlor und hilflos herumtrieb.

Der Amrumer Rettungskreuzer lief sofort aus, aber die Trosse, die man zum Abschleppen auf die Autofähre werfen wollte, wurde dort nicht erfasst, fiel ins Wasser und wickelte sich um die Schraube der „Ruhr-Stahl", und blockierte diese. Beide Schiff wurden dann hilflos durch die mächtige

Im Mai 1965 folgte der moderne Rettungskreuzer „Ruhr-Stahl" der Bremen auf der Station Amrum.

Sturmflut auf den Deich bei Dagebüll gesetzt und erst vier Wochen später durch einen Schwimmkran wieder ins Wasser gehoben.

Runde 20 Jahre, von 1965 bis 1985, lag die „Ruhr-Stahl" auf Station am Steg im Seezeichenhafen Amrum und verzeichnete im letzten Jahr nicht weniger als 130 Einsätze, wobei die Zahl der Seenotfälle immer geringer, die der Krankentransporte aber immer größer wurde. Ebenso gehörte es zur Aufgabe des Rettungskreuzer in Eiswintern als Eisbrecher zu fungieren und sowohl dem Heizölschiff durch oft dicken Eisbelag eine Fahrrinne bis zur Mole von Steenodde zu brechen und den großen Fähren der WDR auf den letzten Metern bis zum Fähranleger Wittdün zu helfen. Auch bei der Sicherung der sommerlichen Segelregatten war das Amrumer Rettungsboot zur Stelle.

Besondere Höhepunkte der Einsätze waren die Fahrten mit werdenden Müttern zwecks Geburt zum Krankenhaus in Wyk auf Föhr, wo das Amrumer Rettungsboot nicht immer rechtzeitig eintraf, sodass mehrmals Geburten an Bord des Schiffes vorkamen. (Siehe: Das Rettungsboot als Klapperstorch)

Im Mai 1985 erfolgte dann ein neuerlicher Wechsel der Rettungsboote auf der Station Amrum-Hafen. Die „Ruhr-Stahl" wurde nach Uruguay verkauft, wo sie noch viele Jahre im Dienst war. Am 15. Mai lief, begleitet vom Sirenengeheul der hiesigen Schiffsflotte, der Seenotrettungskreuzer „Eiswette" ein, Vormann unverändert Harry Tadsen.

Rettungskreuzer „Eiswette" im Einsatz.

Namen Amrumer Rettungsboote und ihre Herkunft

„Theodor Preußer"

Die Amrumer Rettungsboote dieses Namens auf den Stationen am Kniephafen von etwa 1865 bis 1901 ehrten einen Kanonier, der bei der Schleswig-Holsteinischen Erhebung gegen Dänemark im Jahre 1849 eine beachtliche Rolle spielte. Zunächst tat er sich in der Bucht von Eckernförde an der Ostsee hervor, als er „wie ein Kriegsgott und glühend vor Kampfeshitze" (Detlev von Liliencron) mit seiner Küstenbatterie das dänischen Linienschiff „Christian VIII" so schwer beschädigte, dass es die Flagge streichen musste. Als dann im Schiffsraum ein mächtiges Feuer ausbrach und das Linienschiff mit seiner Pulverkammer in die Luft zu fliegen drohte, beteiligte sich Theodor Preußer an der Rettung der Besatzung. Über tausend Mann konnten dann glücklich an Land gebracht werden. Aber dann gab es eine gewaltige Explosion mit turmhoher Feuersäule und unter den Toten in dänischen Marineuniformen lag auch die Leiche des schleswig-holsteinischen Kanoniers Preußer. Auf dem Kirchhof zu Eckernförde wurde ihm ein monumentales Denkmal gesetzt. Er wurde am 11. Mai 1822 in Rendsburg geboren und starb am 5. April 1849. Die Schleswig-Holsteinische Erhebung wurde in der dänischen Enklave Amrum ebenso wie der Staatswechsel von Dänemark zu Deutschland nach dem Krieg von 1864 zwar nicht begrüßt, aber der Einsatz von Theodor Preußer, auf dem dänischen Linienschiff ungeachtet der Explosionsgefahr Menschen zu retten, wurde von allen gewürdigt und insofern entsprach er vollständig den Zielen der DGzRS.

„Emile Robin"

Das Rettungsboot der Station Nord von 1901 bis zur Auflösung im 2. Weltkrieg trug den Namen eines bedeutenden französischen Förderers des deutschen Rettungswerkes. Er war Ehrenmitglied der DGzRS seit dem Jahre 1884. Emile Robin war Vizepräsident der „Societe Centrale de Sauvetage des Naufrages" in Paris und begeisterte sich sehr nachhaltig durch finanzielle Unterstützung der DGzRS und ihrer Rettungsmänner. So vermachte er der DGzRS die nachfolgenden Stiftungen:

1.) 10.000 Mark für Ehrengaben an Kapitäne, die Mannschaften jeglicher Nationalität aus Lebensgefahr gerettet hatten.
2.) 5.000 Mark, dessen Aufkünfte (Zinsen) jährlich in Gestalt einer Ehrengabe an jene Mannschaften der DGzRS verliehen wurden, welche die größte Gefahr bei der Rettung von Besatzung aus Seenot ausgestanden hat.
3.) 15.000 Mark dessen Aufkünfte jährlich als einmalige Gaben von je 100 Mark an minderjährige Waisen weiblichen Geschlechtes von Rettungsmännern der DGzRS auf Sparkassenbücher verteilt werden sollten.

4.) Ein weiteres Kapital von 15.000 Mark kam an die Witwen von Vor-leuten der Rettungsstationen zur Verteilung und schließlich noch einmal dieselbe Summe von 6 jährlichen Pensionen an die ältesten Vorleute der Stationen, die aus Altersgründen oder Invalidität ihren Abschied nehmen mussten.

5.) Eine weitere Stiftung in Höhe von 30.000 Mark wurde 1898 überwie-sen, deren Zinsen dazu dienen sollten, den Töchtern von Vormännern der DGzRS, die einen Seemann und jedem Mädchen, das einen Bootsmann der Rettungsgesellschaft heiratete, mit einer Wanduhr und einer schön gebundenen Bibel zu beschenken, auf der ersten Seite mit einer Widmung „Geschenk von Emile Robin." Solche Bibeln sollen noch in Amrumer Familien vorhanden sein.

Bis 1911 gewährte dieser Pariser Kaufmann der deutschen Rettungsge-sellschaft 16 Stiftungen von insgesamt 200.000 Mark, in damaliger Zeit unvorstellbare Summen. Auf ähnliche Weise wurde Emile Robin auch in Holland und Dänemark tätig und war Vizepräsident der französischen Rettungsgesellschaft.

Auch Amrum wurde öfters zu speziellen Anlässen mit Spenden bedacht, so z. B. in den Jahren um·1897/1900, als die Witwen der 1890 verunglück-ten Rettungsmänner Jens Peter Bork und Theodor Flor, Josepine (Piine-Oome) und Christine jeweils Weihnachtsspenden von 50 Mark erhielten. Großzügig waren auch die Prämien, die Emile Robin für erfolgreiche Rettungseinsätze zahlte, vor allem, wenn das Boot der Station Nord, das seinen Namen trug, beteiligt war. Emile Robin wurde über 97 Jahre alt. Er starb im Dezember 1915 in Paris, in Bremen und auf Amrum fast unbeachtet. Es tobten nämlich die mörderischen Stellungskämpfe des 1. Weltkrieges und Deutschland und Frankreich lebten wieder einmal ihre „Erbfeindschaft" aus.

„Hermann Frese"

Zwei der auf Amrum-Süd stationierten Motorrettungsboote trugen den Namen „Hermann Frese I und II". Der Namensgeber wurde 1843 in Bre-men geboren, wo er auch im Jahre·1909 starb. Hermann Frese spielte als

Kaufmann in Bremen eine bedeutende Rolle, vor allem im Tabakhandel, war aber politisch engagiert, so im Reichstag von 1893 bis 1903 und als Senator ab 1903. Er gehörte dem Aufsichtsrat des Norddeutschen Lloyd an und war in seinen letzten Lebensjahren Vorsitzender der Deutschen Gesellschaft zur Rettung Schiffbrüchiger.

Die „Eiswette"

Die Eiswette ist ein Bremer Brauchtum, im Jahre 1829 begründet und heute noch gefeiert. Dabei geht es um die Frage, „ob die Weser geit oder steit", ob sie im Januar offen und schiffbar oder zugefroren ist. Um dies herauszufinden genügt aber nicht der bloße Augenschein. Vielmehr soll ein 99 Pfund leichter Schneider mit einem glühenden Bügeleisen am 6. Januar eine Flußüberquerung wagen. Wenn er trockenen Fußes über das Wesereis an den Punkendeich gelangt, ist der Beweis erbracht, dass der Fluß zugefroren ist. Die Weser „steit", sie steht. Ob sie zufriert oder offen bleibt, ist dann die Grundlage einer Wette geworden, die mit einem Festessen von der Prominenz der Stadt und der Bundesrepublik und des Auslandes zwei Wochen später gefeiert wird. Die dabei erzielten Einnahmen und Spenden waren der Grundstock für den Bau eines Seenotrettungskreuzers. In der Anfangszeit der „Eiswette" war das Verhältnis von offener, eisfreier zur geschlossenen, zugefrorenen Weser etwa eins zu eins. Nach Flusskorrekturen und verstärktem Tidenhub allerdings ist der Strom durch Bremen nur noch selten zu. Trotzdem versammeln sich am genannten Termin zur „Eiswette" bis zu 800 Personen bei Grünkohl und Pinkel in den Festsälen der Stadt.

Ortsausschüsse - die lokale Betreuung der DGzRS

In unglaublich kurzer Zeit hatte die Rettungsgesellschaft mit Sitz in Bremen die deutschen Ost- und Nordseeküsten mit Rettungsstationen versehen, darunter auch Amrum, obwohl die Insel noch ein Jahr vorher zum Königreich Dänemark gehört hatte und erst 1867 nach Preußens

Krieg und Sieg gegen Österreich endgültig in Preußen bzw. in das spätere Deutsche Reich eingegliedert wurde.

Parallel zur technischen Ausstattung mit Rettungsmitteln - Ruderrettungsbooten und Raketen - wurde aber auch die administrative Leitung zu Lande ausgebaut. Übergeordnete Bezirksvereine, für Amrum mit Sitz in Husum und dem dortigen Postdirektor Picker, wurden längs der deutschen Küsten etabliert, während auf den Inseln und in den Küstenorten Ortsausschüsse mit Vorstehern eingerichtet waren.

Erster Vorsteher auf Amrum war ab 1867 Paul Ahrens (1804 - 1871), Kreuzzollschiffer und Hebungscontrolleur. Nach wenigen Amtsjahren und

Kapitän Anton Schau.

seinem Tode folgte der Kapitän Anton Schau (1828 - 1889), derzeit Schulpatron und Waisenrat. Von 1867 bis 1874 hatte er als Kapitän Tiefwassersegler der Reeder Donner und Dreyer in Altona über alle Weltmeere nach Ostasien, zur Westküste von Südamerika, Hawaii und New York geführt. Als der Amrumer Leuchtturm gebaut wurde, der am 1. Januar 1875 in Betrieb ging, bewarb sich auch Anton Schau unter Hinweis auf seine Erfahrungen als Kapitän mit 13 unfallfreien Jahren auf Großer Fahrt als Leuchtturmwärter, erhielt aber einen abschlägigen Bescheid von der preußischen Wasserbauverwaltung, weil er als vorher dänischer Staatsbürger in der preußischen Armee nicht gedient hatte und deshalb keinen Zivilversorgungsschein hatte.

Auf Anton Schau folgte ab 1888 Julius Schmidt (1838 - 1920), auch er war Kapitän auf Großer Fahrt von 1868 bis 1877 auf der Bark „Courage" und anschließend auf der Bark „Joachim Christian" der Reederei und Werft

Dreyer in Altona. Mitte der 1870er Jahre gab Julius Schmidt dann die Seefahrt auf, vor allem auf Drängen seiner Frau, die einmal in Falmouth an Bord gekommen war und auf der Weiterreise nach Hamburg einen fürchterlichen Sturm und die Gefahren der Seefahrt erlebt und an ihren Sohn Nanning dachte, der bei Kap Hoorn auf dem Vollschiff „Meteor" sein Leben verloren hatte. Der Amrumer Kapitän blieb aber der Seefahrt verbunden, als Beisitzer des Seeamtes Tönning, Vertreter von Bergungs- und Bugsiergesellschaften. Als Strandhauptmann hatte er die Oberaufsicht über die drei Amrumer Strandvögte und über die Strandungsfälle im Seebereich der Insel. 1888 wurde er Vorsteher des Ortsausschusses der DGzRS

Julius Schmidt (1838 – 1920) war Kapitän, Feuerwehrhauptmann und Vorsitzender des Ortsausschusses der DGzRS.

Schriftverkehr und Rettungsberichte weisen Julius Schmidt als einen akkuraten und gewissenhaften Vorsteher aus, der sich auch selbst an Rettungseinsätzen beteiligte, so auch bei der Todesfahrt der „Theodor Preußer" am 30. Oktober 1890. Im Sterberegister der St.-Clemens-Gemeinde Amrum ist über den Tod von Julius Schmidt am 3. März 1920 das Folgende geschrieben: „Der Verstorbene war bis zuletzt rüstig und konnte bis vor zwei Jahren dem lange von ihm verwalteten Amt als Strandhauptmann und der Leitung des hiesigen Rettungswerkes vorstehen."

Nach dem Tod von Julius Schmidt scheint es keinen Ortsausschuss mehr gegeben zu haben. Jedenfalls liegen hier auf Amrum keine Unterlagen vor.

Vormänner von Generation zu Generation

Hunderte von freiwilligen Rettungsmänner auf Amrum, die nicht selten das eigene Leben aufs Spiel setzten, haben sich nicht für die Ewigkeit in die Geschichte eingeschrieben. Anders die Vormänner, die Führer der Rettungsboote, aus deren Reihen sich einige einen bleibenden Namen gemacht haben.

Einer dieser bekannten Vormänner war Volkert Ricklef Flor aus Norddorf (1841 - 1915), Vormann der Stationen Kniephafen seit Mitte der 1870er Jahre bis 1908. In den Jahrzehnten seiner Tätigkeit sind zahlreiche Rettungseinsätze verzeichnet. Volkert Ricklef Flor war auch der Vormann des Norddorfer Rettungsbootes „Theodor Preußer" auf der Unglücksfahrt am 30. Oktober 1890 und musste erleblen, dass sein Bruder Theodor Flor sein Leben verlor. Im Jahre 1891 erhielten die Häuser von Julius Schmidt in Nebel und Vormann Flor in Norddorf über den Leuchtturm ein Telefon, ein gewaltiger Fortschritt in jener Zeit. Eine besondere Ehre für den Vormann und seine Mannschaft war der Besuch von Prinz Heinrich auf der Station Nord am 10. Juli 1892 (Siehe „Allerhöchster Besuch") Als Volkert Ricklef Flor am am 2. April 1915 starb wurde in das Totenregister der St.-Clemens-Gemeinde geschrieben: „Der Verstorbene war zuerst 20 Jahre Seemann, dann 30 Jahre Vormann des Norddorfer Rettungsbootes und machte sich als kühner Retter einen Namen. 48 Personen wurden in seiner Zeit vor dem Ertrinken gerettet."

Nachfolger von Volkert Ricklef Flor wurde im Jahre 1908 Gerret

Volkert Flor, der langjährige Vormann der Station Nord

Peters (1864 – 1944), in seinen jüngeren Jahren auch zuerst Seemann auf Großer Fahrt, dann in der Heimat auf Amrum Schiffer im Küstenbereich und hier vor allem Seehundsjäger, Fischer und in der Sommersaison mit Kurgästen unterwegs nach Sylt und Föhr und zu den Seehundsbänken. Gerret Peters war eine urtümliche Gestalt und ein unerschrockenes Rauhbein. Er trank den aus Seehunden gekochten Lebertran und soll auch deren Leber roh gegessen haben.

Als im Oktober 1890 das Rettungsboot „Theodor Preußer" bei Hörnum kenterte, war er

Gerret Peters – ein kerniger Seemann und Vormann der Station Nord.

einer der jüngsten in der Mannschaft und vor allem ihm soll es zu verdanken gewesen sein, dass sich der größte Teil retten konnte. Als Vormann der Station Nord rettete er 1922 unter schwierigsten Umständen die Mannschaft des gesunkenen Hamburger Dampfer „Albis" und erhielt dafür von der DGzRS die „Prinz Heinrich Medaille". Bis 1932 war Gerret Peters Vormann und als 1935 das Natur- und Vogelschutzgebiet Amrum-Odde eingerichtet wurde, war er der erste Vogelwärter und Betreuer des Gebietes, der besser mit der Natur umgehen konnte als studierte Ornithologen. Damals galt die Maxime, dass Silbermöwen Gelege - und Jungvogelräuber sind und von Seeschwalben-Brutplätzen fernzuhalten sind. Im Frühjahr, wenn die Silbermöwen die Dünen der Odde besiedeln wollten, griff Gerret zu seiner altertümlichen Schrotflinte und donnerte dazwischen, dass die Möwen die Flucht ergriffen und das Gelände als Brutplatz für die später eintreffenden Seeschwalben frei war. Das originale Friesenhaus von Gerret Peters und der alt gewordenen Mann auf der Bank vor dem Hause, das war eine vielgenutzte Postkarte in jener Zeit.

Nach Gerret Peters wurde Richard Hinrich Flor (1862 - 1957) Vormann der Station Nord, die dann aber nur noch wenige Jahre bestand. Richard erhielt wie sein Vorgänger ebenfalls die „Prinz Heinrich Medaille" für die Rettung der neunköpfigen Besatzung des englischen Fischdampfers „Taypo" am 19. März 1922 aus der Brandung des gefährlichen Hörnum-Sandes. Richard Flor war derzeit Vormann des Rettungsbootes „Hermann Frese" und war im Einsatz zusammen mit dem Rettungsboot „Emile Robin" der Station Nord, Vormann Ernst Peters, ein Sohn von Gerret Peters.

Gerret Peters, langjähriger Vormann der Station Nord, hier im Ruhestand als Seehundsjäger vor seinem Friesenhaus in Norddorf. Ehefrau Christine schaut neugierig aus dem Fenster.

Drei Generationen Vormänner der Familie Meyer

Auf der Station Amrum Süd, 1881 auf der Südspitze von Wittdün anstelle der aufgegebenen Station Steenodde eingerichtet, waren drei Generation der in Süddorf und Nebel wohnenden Familie Meyer Führer des Rettungsbootes.

Zuerst Claus Meyer, als Fischer aus Blankenese nach Amrum eingewandert und eingeheiratet, hier auf Amrum im Kreuzzolldienst, dann sein Sohn Volkert Quedens Meyer (1828 - 1905), seines Zeichens Schiffszimmermann und ab 1893 dessen Sohn Carl Philip Meyer (1850 - 1935), zuerst Matrose auf Großer Fahrt, dann zu Hause auf Amrum Schiffszimmermann.

Von Carl Philip Meyer liegt über die Zeit seines Wirkens eine akkurate Aufzeichnung mit der Titelzeile „Vormann auf Rettungsboot geworden 1. Dezember 1893 - Station Süd - Boot „Elberfeld" vor.

Als im November 1903 die norwegische Bark „Ilma" seewärts des Wittdüner Kniepsandes verunglückte und 10 Mann ihr Leben verloren, beschwerte sich der Hotelier und Gründer des Seebades Wittdün und dortige Strandvogt Volkert M. Quedens bei der Rettungsgesellschaft über den Umstand, dass Vormann und Mannschaft des Rettungsbootes auf der Station Süd aus Männern aus Nebel und Süddorf bestanden, die bei einem Strandungsfall erst zeitraubend zusammengerufen und dann mittels Pferdefuhrwerk nach Wittdün befördert werden mussten. Volkert Quedens war in seiner Eigenschaft als Berger gestrandeter Schiffe als unerschrockener Seemann bekannt, aber auch als ein robuster Mann, der bei allen Tätigkeiten auf seinen finanziellen Vorteil achtete.

Der Vorsteher des Ortsausschusses Julius Schmidt notierte denn auch dazu, dass es dem Beschwerdeführer eher darum ging, als Vormann in das Rettungsboot eingebunden zu werden, damit er als Strandvogt immer zuerst an der Strandungsstelle eintrifft, um sein Geschäft als Berger von Schiff und Ladung zu betreiben und Bergelöhne zu kassieren. Aber im Jahre 1911 bahnte sich dann doch eine solche Entwicklung an, wie aus einem Brief von Julius Schmidt an die Ret-

Carl Philipp Meyer mit Ehefrau Wilhelmine geb. Simons – Vormann der Station Süd.

tungsgesellschaft in Bremen ersichtlich ist. Unter dem Datum vom 20. November 1911 heißt es: „Der ergebenst Unterzeichnete erlaubt sich den Vorstand der Deutschen Gesellschaft zur Rettung Schiffbrüchiger zu behelligen und eine Bittschrift zu unterbreiten. Nachdem das Motorboot „Picker" als Rettungsboot der Station Amrum Süd allein stationiert und das Rettungsboot „Elberfeld" eingezogen werden soll, wird die Rettungsmannschaft dieses Bootes entlassen werden müssen. Was nun den Vormann des Bootes, Carl Philipp Meyer von Nebel a. A. betrifft, so wird derselbe unter den gegebenen Verhältnissen ebenfalls vom Rettungsdienst entlassen werden müssen. Was nun seine Tätigkeit im Rettungsdienst betrifft, so war der Vormann Meyer, der wie sein Großvater und später sein Vater Vormänner des Rettungsboot es waren, gleich nach seiner Konfirmation, wenn er von Seereisen heimkehrte, in demselben beschäftigt. Seit dem Jahre 1875 diente er nun ununterbrochen als Rettungsmann und seit 1893 als Vormann des Bootes „Elberfeld". Wenn es auch ihm bei den hier so häufig vorkommenden Strandungsfällen, verhindert durch höhere Gewalt, nicht immer möglich war, wirksame Hilfe zu bringen, so hat er doch, wie aus den letzten Akten zu ersehen ist, mehrere Male Schiffbrüchigen das Leben gerettet. Und wenn auch die Dienste, die der Vormann Meyer stets treu und gewissenhaft ausführte, belohnt und für die Rettung Schiffbrüchiger Prämien gezahlt wurden, so wäre es m. E. wohl recht und billig, wenn demselben bei seiner Dienstentlassung thunlichst eine entsprechende Entschädigung gewährt werden könnte. Unter diesen Umständen werden Ew. Hochwohlgeboren es mir nicht ungut nehmen, wenn ich die Bitte ausspreche, dem Vormann Meyer nach seiner Dienstentlassung eine regelmäßige Unterstützung oder eine jährliche Pension geneigtest zu gewähren … Ergebenst Julius Schmidt".

Der Antrag des Vorstehers des Ortsausschusses Amrum fand jedoch kein Gehör. Mit Schreiben vom 20.12.1910 teilte die Bezirksverwaltung Husum (jetzt in der Nachfolge von Postdirektor Picker ein Herr namens Emil F. Storm) mit, „dass die beantragte Pension aus der Emile Robin Stiftung von 100 Mark jährlich laut Schreiben des Vorstandes in Bremen nicht gewährt werden kann, da eine größere Anzahl von Vormännern vorhanden ist, die 25 Jahre und länger den Dienst versehen und solche in erster Linie in Betracht kommen."

Drei Vormänner-Generationen aus der Familie Quedens

Der schon erwähnte Seemann, Hotelier und Strandvogt Volkert Martin Quedens (1844 - 1918) hatte die Besetzung der Station Süd mehrfach kritisiert, so nach der Tragödie der Bark „Ilma" im Jahre 1903, aber auch schon 1895. Damals ging es um die Strandung des deutschen Ewers „Maria" bei Wittdün, deren Mannschaft vom Privatschiff des Volkert Martin Quedens geborgen wurde, „während die Leute des Rettungsbootes der Station Süd nichts zur Rettung beigetragen haben, sondern in der Station beim warmen Ofen gelegen, Kaffe gekocht und Punsch getrunken und Romane erzählt hätten ..." Der Vorsteher der Deutschen Gesellschaft zur Rettung Schiffbrüchiger schreibt an Julius Schmidt: „... wir sehen, dass Quedens unserem dortigen Rettungswerk nicht hold gesonnen ist. Er glaubt, dass sich in Wittdün eine gleiche Anzahl als für die anderen Rettungsboote finden läßt. Wie mir Herr Meyer sagte, ist dies aber nicht der Fall ..."
In dem 1889/90 gegründeten Badeort Wittdün waren zunächst vor allem Logierhäuser und Hotels errichtet worden, die im Winter oft unbewohnt blieben. Aber dann siedelten sich vor allem aus Norddeutschland immer mehr Familien an, sodass am 1. April 1897 eine Feuerwehr gegründet werden konnte. Durch rege Bautätigkeit in den ersten Jahren nach 1900 entwickelte sich aus der Streusiedlung mit dem Status „Kolonie" ein regelrechter Badeort und nun gab es eine genügende Anzahl junger Männer, die bereit waren, ein Rettungsboot zu bedienen. So konnte im Jahre 1904 die Amrumer Südspitze Wittdün schon mit zwei Rettungsbooten besetzt werden, mit der „Elberfeld", die unverändert in dem festen Bootsschuppen lag, und mit dem Rettungsboot „Picker", genannt nach dem Husumer Postdirektor und Vorsitzenden des Bezirksvereines, der sich in vorbildlicher Weise um das Rettungswesen kümmerte. Die „Picker" lag aber an einer Muring, einen stabilen Ankerstein, frei im Wattenmeer am Wittdüner Nordstrand. Als sie im Jahre 1909 einen Motor erhielt, war sie das modernste Boot der DGzRS.
Und merkwürdig! Trotz aller Querelen wurde Volkert Martin Quedens zum Vormann ernannt. Derselbe war in seiner Jugend Seemann auf Großer Fahrt gewesen, aber infolge des Todes seines Vaters und Bruders von der

Mutter nach Amrum zurückgerufen, um die umfangreiche Landwirtschaft und einige Ämter des Vaters zu übernehmen. Volkert blieb aber zeitlebens der See verbunden, als Frachtschiffer zwischen Hamburg und den Nordfriesischen Inseln und Halligen und als Strandvogt. Kein Wunder, dass die DGzRS, als sie einen vor Ort wohnenden Vormann für den „Picker" benötigten, um Volkert Martin Quedens nicht herumkam, obwohl bekannt war, dass er bei Strandungsfällen die mögliche Bergung des Schiffes und das Kassieren von Bergelöhnen in erster Linie im Auge hatte und erst dann an die Rettung der Schiffbrüchigen dachte. Hier hat er sich dann allerdings auf etlichen Rettungsfahrten als einsatzfreudiger Seemann bewährt. Aber das Verhältnis zur DGzRS bewahrte Distanz und Volkert machte nichts umsonst. Beispielsweise war er als Vormann dafür zuständig, jeden Abend die Laternen des Segelrettungsbootes „Picker" anzuzünden und stellte die

Volkert Martin Quedens, Kapitän, Strandvogt, Gründer des Seebades Wittdün und Vormann der Station Süd.

damals hohe Summe von 250 Mark jährlich in Rechnung. Doch die DGzRS, vertreten durch den Inspektor Georg Pfeifer setzte eine Vergütung von 120 Mark fest (12. Dezember 1904), „die nach unserer Ansicht reichlich bemessen ist." Man einigte sich dann auf 180 Mark jährlich für das abendliche Anzünden der Ankerlaternen und das Löschen am Morgen. Volkert Martin Quedens war aber schon 60 Jahre alt, als er Vormann der Rettungsstation Süd wurde. Trotzdem blieb er bis zu seinem Tod am 1. März 1918 auf seinem Posten. Am Tage vorher hatte er noch in seiner Eigenschaft als Strandvogt ein am Strande geborgenes Fass Rotwein versteigert!

Sein Nachfolger in beiden Ämtern (Strandvogt und Vormann) wurde sein 1874 geborener Sohn Carl, zuerst Seemann, dann Landwirt und schließlich Hotelier im Seebad Wittdün. Hier im Obergeschoß des Hotels Vier Jahreszeiten hatte Carl sein Zimmer, weil er von hier die ganze Nordsee von den Halligen bis Helgoland und dem Vortrapptief im Auge hatte. Die Anzahl der zahlreichen Strandungsfälle war durch das Verschwinden der Frachtensegler, verdrängt durch Dampfer und den 1. Weltkrieg, zwar weniger geworden, aber immer wieder gab es aufregende Ereignisse auf See und am Kniepsand. Dabei hatte Carl, wie sein Vater Volkert, in allem den Gewinn von Bergelöhnen im Auge und erst in zweiter Linie die Rettung von Schiffbrüchigen.

Als etwa am 24. November 1922 der Hamburg-Harburger Dampfer „Albis" in der Rütergat-Brandung gestrandet war, lief das Motorrettungsboot „Hermann Frese" unter dem Vormann Carl Quedens aus und rettet zunächst unter großer Gefahr neun Männer des versunkenen Dampfers, die nach Wittdün gebracht wurden. Aber dann mussten weitere Rettungsversuche abgebrochen werden. Erst am nächsten Tag gelang es dann mit dem Rettungsboot der Station Odde, Vormann Gerret Peters, die restliche Besatzung - darunter bemerkenswerterweise auch den Wittdüner Vormann Carl Quedens - zu bergen und auf Amrum an Land zu setzen. Carl Quedens hatte nämlich sein Leben riskiert und war auf den versunkenen Dampfer übergesprungen, um zu sehen, ob eine Bergungsmöglichkeit und damit der Gewinn von Bergelohn möglich war. Der Vorstand der DGzRS in Bremen hatte diese Absicht wohl bemerkt, mit der Folge, dass für die Rettung der „Albis" Besatzung wohl Gerret Peters von der Station Nord eine Rettungsmedaille erhielt, „... aber ich mir eine solche um die Nase wischen konnte ..." wie Carl Quedens in seinen Memoiren schrieb.

Strandung und Rettung der Besatzung wurden später durch den Maler Soltau als Gemälde im Altarblatt der Wittdüner Kapelle verewigt. Nur ein Jahr später machte Carl Quedens in seiner Eigenschaft als Strandvogt aber doch noch als Schiffsberger sein Meisterstück: Im November 1923 trieb auf Hörnum-Odde kieloben der Motorschoner „Henriette" an, 350 Tons groß. Das Schiff war in der Nordsee gekentert. Die gesamte Besatzung von sieben Mann sowie der Kapitän Bartelmann nebst Frau und Kind hatten ihr Leben verloren. Bei einem Südweststurm wurde der Schiffsrumpf wieder flott und trieb im Februar 1924 nach Amrum, wo er südwestlich von Wriakhörn auf dem Kniepsand erneut strandete. Mittels langer Ankerketten wurde der Schiffsrumpf dann von Sturm zu Sturm über die ganze südliche Kniepsandfläche verankert, bis er dann 31. Dezember 1925 in die Schmaltiefe gelangte. Schon vorher war es Carl Quedens gelungen, unter dem Deck in den Schiffsraum zu gelangen, wo er zwei Skelette fand. Die „Hermina" wurde fortan das Totenschiff genannt. Nach der Wiederaufrichtung und Reparatur war das Totenschiff dann noch bis 1974 in Fahrt. Bis 1922 hatte Carl Quedens als Vormann in Diensten der DGzRS gestanden und wurde dann, offenbar wegen seines Verhaltens bei Strandung und Untergang der „Albis" entlassen.

Doch noch einmal stellte die in Wittdün wohnende Familie Quedens einen Vormann. Den Sohn von Carl, Volkert Philipp Quedens (1903 - 1988). Wie seine Vorfahren, so wollte auch „Fooke" zur See, zur Marine. Doch der 1. Weltkrieg und die Nachkriegszeit verhinderten dieses Berufsziel. Nach einer Elektrolehre und Jahre in Amerika macht sich Volkert im Jahre 1930 auf Amrum mit einem Ausflugsboot namens „Victoria" selbständig, bis dann der 2. Weltkrieg auch diesem Unternehmen ein Ende setzte. Im Jahre 1944 reklamierte die DGzRS bei der Kriegsmarine seine Freistellung, weil auf Amrum ein Vormann für das Rettungsboot benötigt wurde.

Anstelle der „Hermann Frese" lag nun die „Bremen", zunächst in

Volkert Philipp Quedens (1903 – 1988) war der dritte Vormann der DGzRS aus der Wittdüner Quedens-Familie.

Hörnum, dann nach Kriegsende ab 1946 auf Amrum stationiert. Die „Bremen" wurde 1949 zwecks Umbau zurückgezogen und kam als Versuchsboot der nachfolgenden Seenotrettungskreuzer 1961 nach Amrum zurück. Zwischendurch hatte Volkert Philipp Quedens die „Matthäus Möller" und „Rickmer Bock" kommandiert, ehe er 1952 das Ruder aus der Hand gab. Die Dienstzeit von Fooke war geprägt durch einige ungewöhnlich strenge Eiswinter, und die Versorgung der Halligen und der Insel Pellworm gehörten zu den herausragenden Einsätzen zu seiner Zeit.

Harry Tadsen

Unter den Vormännern aus der jüngsten Zeit hat auch Harry Tadsen (1928 - 2012) sich einen Namen gemacht. Als Angehöriger der ursprünglich von Hallig Hooge und Föhr stammenden Seefahrerfamilie, die auf zahlreiche Kapitäne auf Großer Fahrt und Schiffer zurückblicken kann, ging auch Harry Tadsen nach der Schulzeit zur See. Er hat noch auf den Segelschiffen „Kommodore Johnsen" und „Gertrud Hauschildt" gefahren. Der 2. Weltkrieg unterbrach die weitere Laufbahn, aber ab 1947 war Harry wieder auf Hamburger Frachtern und Tankern und machte hier sein Patent A4. Die Seefahrer der Familie Tadsen haben einen unübersehbaren Drang in die Heimat, und hier kaufte Harry sich ein Frachtschiff für Frachttransporte zwischen Husum und Amrum in den Jahren von 1958 bis 1963. Dann trat er in den Dienst der DGzRS, zunächst unter den Vormann Jörn Matthiessen auf dem umgebauten Rettungsboot „Bremen", Versuchsschiff der nachfolgenden Serie der Seenotrettungskreuzer auf der Station Amrum Hafen.

1964 war er Vormann und rettete am 31. Juli 1964 von dem westlich von Amrum gestrandeten Erzfrachter „Pella" die 25köpfige Besatzung, eine der größten Rettungstaten der DGzRS in der jüngsten Zeit. Auf die „Bremen" folgte 1965 der Seenotrettungskreuzer „Ruhr-Stahl", deren Vormann Harry bis 1985 blieb, zuletzt noch ausgezeichnet mit dem Bundesverdienstkreuz.

Harry Tadsen musste in den Jahren seiner Tätigkeit aber selbst einen Strandungsfall erleben. Es war am 15. Januar 1968 bei Orkan und Eisgang, als die

Autofähre „Pidder Lyng" der Wyker-Dampfschiffs-Reederei durch Treib-
eis nahe Dagebüll das Ruder verlor und hilflos umhertrieb. Die „Ruhr-
Stahl" lief sofort aus und erreichte die Autofähre noch rechtzeitig vor der
Strandung. Aber die Trosse, die man zum Abschleppen herüber warf, fiel ins
Wasser und blockierte die Schraube des Rettungskreuzers. Beide Schiffe
wurden dann hilflos auf den Deich von Dagebüll gesetzt und erst am 4.
Februar konnte ein Hamburger Magnus-Schwimmkran beide wieder ins
Wasser heben.

Am 1. Oktober 1988 gab Harry Tadsen dann das Ruder aus der Hand und
wurde auf einer Feier der Amtsverwaltung Amrum mit Prominenz auch
aus hiesigen Reederei- und Seefahrerkreisen ehrenvoll in den Ruhestand
verabschiedet.

Im letzten Jahr seiner 25jährigen Tätigkeit für die DGzRS wurden 180
Einsätze registriert, darunter fast 100 Krankentransporte von Amrum und
den Halligen, und als besondere Aufgabe die Überführung des Seenotret-
ters „Theodor Heuß" von Bremen über den Rhein und über den Main-
Donau-Kanal bis Nürnberg, wo das Boot auf einen Spezialtieflader von 55
Metern Länge geladen und bis zur Endstation, dem Deutschen Museum
in München befördert wurde.

Harry Tadsen (1928 – 2012) war jahrelang Vormann der Station Amrum.

Rettungseinsätze der Amrumer Stationen

Nach Einrichtung der ersten Rettungsstation im Kniephafen betrug die Entfernung zu den Dörfern Nebel und Süddorf mit ihren Rettungsmännern jeweils etwa 2 km, ein Fußmarsch durch Heide und Dünen. Als dann die Station wegen der Versandung des Kniephafens wenig später bis unter dem Inselbogen Hörn nach Norden verlegt werden musste, war die Entfernung auf reichlich 3 km gewachsen.

Ein anderes Problem der Amrumer Rettungsstationen in der Anfangszeit war die Entdeckung eines Seenotfalles, weil von den genannten Dörfern wegen der vorgelagerten Dünen kein Blick auf die Nordsee möglich war. Deshalb diente die höchste Düne am inneren Dünenrand, die Satteldüne, als Aussichtspunkt. Noch um 1890, als die Gemeinde Amrum das umfangreiche Gelände an der Satteldüne an eine Aktiengesellschaft aus Altona zwecks Anlage eines Kurhauses verkaufte, wurde der freie Zutritt der Satteldüne zwecks Beobachtungen der Vorgänge auf See und am Strand für alle Insulaner „für ewige Zeiten" festgeschrieben. Angesichts der Bedeutung, die Strandungsfälle hinsichtlich möglicher Bergelöhne aber auch zur Unterstützung des Rettungswesens in jenen Jahren hatten, darf man annehmen, dass - insbesondere bei Sturmwetter - die Satteldüne oft von Insulanern mit ihren Spektiven bestiegen wurde. Erst als Anfang der 1890er Jahre der Amrumer Leuchtturm (erbaut 1875) ein Telefon erhielt und Verbindungen zu den Wohnungen der Vormänner und des Vorstehers des DGzRS-Ortsausschusses (Kapitän Julius Schmidt) hergestellt wurden, verlor die Satteldüne ihre Bedeutung für die Meldung von Seenotfällen.

In Tagebüchern und Zeitungsberichten, vor allem aber in den Jahrbüchern der Deutschen Gesellschaft zur Rettung Schiffbrüchiger, sind die wichtigsten Ereignisse des Rettungswesens aufgezeichnet. Für die Amrumer Stationen sind bis um das Jahr 2000 fast 120 größere Seenot- bzw. Rettungsfälle notiert - mehr als von jeder anderen deutschen Küste. Unverändert blieb bis heute (!) der Seebereich von Amrum mit seinen noch bis zu 12 - 15 Kilometer hinausreichenden Sandbänken und Untiefen eine Gefahrenquelle für die Schifffahrt. Besonders in der Zeit der Segelschiffe, die noch in großer Zahl bis zum 1. Weltkrieg in der Handelsmarine üblich

Die Station Nord mit ihrer Besatzung: Von links oben: Cornelius Jannen, Philipp Peters, Max Beissig, ???, Gustav Peters, Hermann Karlisch, Julius Schau. Vorne: Ernst Peters und Johannes Schuldt.

waren. Mit dem Weltkrieg verschwanden fast alle Tiefwassersegler zugunsten der Dampfschiffe, die sich ab etwa 1880/1900 auf den Weltmeeren bewegten und dann auch in der Liste der Strandungs- und Rettungsfälle bei Amrum auftauchen. Unabhängig vom Ausbau des Seezeichenwesens nebst Leuchttürmen und der Maschinenkraft ihrer Schiffsmotoren, gerieten auch Dampfer immer wieder in Seenot.

Eine erste Meldung über die Rettung von Schiffbrüchigen lesen wir in den „Täglichen Notizen" des Inselpastors Lorenz Friedrich Mechlenburg, von 1827 bis 1875 Pastor der St.-Clemens-Gemeinde auf Amrum:

1868: „Den 26. Oktober nachmittags ein Fahrzeug auf Hörnum-Sand (siehe Seekarte). Zwei Mann im Mast, am nächsten Tag vom Rettungsboot geborgen. Der Kapitän und ein Mann ertranken." Es handelte sich um den norddeutschen Schoner „Hoffnung", Kapitän Bantow.

Schon vorher, am 4. Mai 1868 wurden zwei Mann der norddeutschen Tjalk „Christine Marie", Kapitän Jensen durch das Rettungsboot der Station Kniephafen (Hörn) gerettet.

Am 20. März 1874 rettete das Boot „Elberfeld" der seit 1868 bestehenden Station Steenodde drei Mann vom deutschen Fischewer „No 104", Kapitän Detels.

Englischer Fischkutter „Smilasse"

1878: „Am 11. Mai nachmittags 4 Uhr wurde vom Leuchtturm signalisiert. dass ein Schiff in der Westerbrandung festsitze. Ich ließ sofort die Rettungsmannschaft zusammenrufen und eilte zur Station Kniephafen (Hörn) In kurzer Zeit war die Rettungsmannschaft zur Stelle und wir ließen das Rettungsboot „Chemnitz", Vormann Kapitän Anton Schau, zu Wasser und segelten bei Sturm OSO seewärts. Um 8 Uhr erreichten wir das gestrandete Schiff, wo eine wilde See raste. Es war der englische Fischkutter „Smillase", Kapitän W. Challes. Der Kapitän wollte jedoch sein Schiff nicht verlassen, weil dasselbe noch dicht war. Er bat uns aber, während der Nacht beim Schiff zu bleiben, doch durfte ich eine solche Verantwortung nicht auf mich laden, da wir bei dem furchtbaren Sturm Gefahr liefen, selbst verloren zu gehen. Wir sagten aber dem Kapitän, dass wir gut Ausschau halten würden und beim ersten Notsignal wiederkommen würden. Wir arbeiteten nun wieder landeinwärts, wobei das Boot mehrere Male voll Wasser schlug und der Mast brach, sodass wir nur mit Mühe und Not den Strand erreichten. Hier setzten wir den abgebrochenen Mast wieder instand und hielten während der Nacht Wache. Gegen Morgen bemerkten wir ein Notsignal. Wir gingen sofort wieder unter Segel, konnten aber erst gegen 10 Uhr das Wrack erreichen. Die Besatzung weigerte sich nun, länger an Bord zu bleiben und auch der Kapitän ließ sich bewegen, sein vollständig wrackes Schiff zu verlassen. Glücklich nahmen wir die aus fünf Mann bestehende Besatzung über und erreichten nach einer gefährlichen Fahrt, wobei das Rettungsboot wieder mehrere Male voll Wasser schlug, das Ufer, wo ein bereit gehaltener Wagen die Schiffbrüchigen ins Dorf brachte."(A. Schau)

„Joung Harry" und „Assecuradeur"

Am 15. Mai 1881 erhielt der Vormann der Station Kniephafen Hörn durch einen Boten die Nachricht, dass ein Fischerfahrzeug auf den Aussengründen von Hörnum-Sand auf Grund geraten sei. „Es wehte nur eine mäßige Brise aus NW, sodass wir annahmen, dass das Schiff mit der nächsten Flut wieder flott werden würde ..." In der Nacht steigerte sich jedoch der Wind bis zum Sturm aus NNW. Als der Fischer am Morgen die Notflagge zeigte, brachte die Mannschaft das Rettungsboot zu Wasser und arbeitete gegen den starken Wind aus dem Kniephafen heraus. Inzwischen war es der aus fünf Personen bestehenden Besatzung des Fischerbootes gelungen, durch die Brandung zu kommen und vom Zollkreuzer „List" nach Amrum gebracht zu werden. Das Schiff war die englische Fischersmack „Joung Harry", Kapitän Newell von Hull.

Der Schleppdampfer „Assecuradeur" machte am 30. Januar 1881 den bei Amrum gestrandeten englischen Dampfer „Gardenie" wieder flott und nahm einen Teil der Amrumer Bergungsmannschaft mit nach Bremerhaven, weil diese wegen des Eises nicht auf Amrum gelandet werden konnte. Am 4. Februar kam die „Assecurandeur" zurück, um die Amrumer wieder nach Hause zu bringen und einen Teil der englischen Besatzung, die auf Amrum geblieben war, abzuholen. Aber bei dieser Rückreise strandete der Schleppdampfer auf Seesand südlich von Amrum. Während sich ein Teil der Besatzung am 6. Februar nach Amrum rettete, verließ der andere Teil von sieben Mann am nächsten Tag die „Assecuradeur". Nur der Kapitän Meyerdirks wollte das gestrandete Schiff nicht verlassen und blieb allein an Bord. Das offene Boot mit der übrigen Mannschaft versuchte, sich durch das Eis nach Amrum zu arbeiten, aber bald stellte sich dies als unmöglich heraus. Inzwischen war die gefährliche Lage der Schiffbrüchigen auf Seesand auf Amrum erkannt worden. Es wurde beschlossen, den Unglücklichen zu Hilfe zu kommen. Zunächst versuchte das Rettungsboot „Chemnitz" zum Einsatz zu kommen. Aber das Boot war nicht über die Eisberge am Strand hinwegzubringen. Man entschloss sich dann, ein am Strand liegendes Boot des Dampfers „Gardenie" zu benutzen. Volkert Martin Quedens und vier weitere mutige Seeleute erreichten, auf Riemen über das Eis kriechend, das Boot und fuhren mit Proviant und stärkenden Getränken versehen gegen 11 Uhr ab. Man wusste aber nicht, dass auch die Gestrandeten inzwischen den Seesand in einem Boot verlassen hatten. Beide Boote trieben jetzt im Eis und erst am Nachmittag kam das Boot der „Assecuradeur" mit einer Notflagge in Sicht. Die Mannschaft war in der Brandung des Rütergat völlig durchnäßt und halb erstarrt, aber erst gegen 7 Uhr abends gelang es der Amrumer Mannschaft, nachdem sie ihr Boot wiederholt über das Eis geschleppt hatten, sich mit unsäglichen Anstrengungen zu den Schiffbrüchigen durchzuarbeiten.

Die Retter erstiegen das Boot der „Assecurandeur", erquickten die Schiffbrüchigen mit Wein und ließen ihr eigenes Boot treiben. Inzwischen war es Nacht geworden und es wehte ein eisiger Sturm aus SO mit heftigem Schneegestöber. Die Bevölkerung am Amrumer Strand sah mit Angst und Schrecken die Nacht hereinbrechen und gab alle 12 Mann verloren. Diese trieben in der schrecklichen Nacht im Eise umher, Frost, Schneegestöber und Sturm im offenen Boot ausgesetzt.

Erst am 8. Februar mittags kam man dem Land so nahe, dass von dort aus Hilfe gebracht werden konnte. Das leichte Rettungsboot der Station Steenodde leistete hier mit Trossen von drei Kabellängen gute Dienste. Nachmittags nach einer 27stündiger Fahrt brachten die fünf kühnen Retter die sieben Schiffbrüchigen unter dem Beifall der Inselbevölkerung an Land, wo heißer Kaffee und trockene Kleidung bereitgestellt waren und die Geretteten wie die Retter in gute Pflege kamen. Nach einer späteren Mitteilung wurde auch der Kapitän Meyerdierks bei besserem Wetter von Bord geholt und auf Amrum in Sicherheit gebracht. Über die Bergung der „Assecuradeur" liegen keine Berichte vor.

Königl. Inspektionsschiff „Paula"

Am 5. Dezember 1882, morgens gegen 8 Uhr bracht der Schiffer Gerret Peters die Nachricht, dass auf dem Spanierriff (Spanjerrag) ein Schiff gestrandet sei, das die Notflagge zeige. Es raste ein heftiger Sturm aus OSO mit Frost und Schneegestöber. Sofort wurde die Rettungsmannschaft zur Station Kniephafen gerufen, aber es war schwer, durch die Schneeberge der Dünen zu kommen. „Gegen 9 Uhr erreichten wir jedoch den Strand und suchten nun, mit dem Rettungsboot „Chemnitz" durch Eis und Schnee, mit Schieben und Rudern aus dem Kniephafen herauszukommen und erreichten gegen 10 Uhr das verunglückte Schiff. Es war das Königliche Inspektionsschiff „Paula", welches im Sturm durch ein mißglücktes Manöver und in Folge von Treibeis in die Brandung geraten war. Die See raste über das Schiff hinweg und die Mannschaft konnte nicht flüchten, weil keine Möglichkeit war, mit dem Beiboot abzukommen. Die „Paula" war ein großer Eisklumpen. Es gelang uns jedoch an Bord zu kommen und mit dem Rettungsboot zwei Anker auszubringen. Mit dem kommenden Hochwasser versuchten wir zunächst vergeblich, die „Paula" flott zu bekommen. Das Schiff stieß furchtbar in der Brandung, die fortwährend über dasselbe schlug, sodass es kaum möglich war, sich auf den Beinen zu halten. Eis und Schneesturm erschwerten die Arbeit ungemein. Mit der höchsten Flut wurde noch einmal alle Kraft angespannt, und mit Erfolg. Die „Paula" wurde flott, die Anker geslipt und mit dicht gerefften Segeln fuhren wir dem Strand zu, wo selbst das Schiff im Schutze des Kniephafens aufgesetzt wurde, da kein sicherer Hafen zu erreichen war. Alles starrte von Eis. Die aus sechs Mann bestehende Besatzung wurde nun an Land gebracht und um 10 1/2 Uhr erreichten wir das Dorf (Norddorf ?), völlig erschöpft und starrend von Eis und halb erfroren."

Holländische Tjalk „Unanimite"

Am 21. Oktober 1883 nachmittags gegen 3 Uhr brachte ein Bote die Nachricht, dass bei Jungnamensand ein Wrack treibe. Der Vorsteher des Ortsausschusses, Kapitän Anton Schau, begab sich mit dem Fernrohr auf eineDüne und sah ein tief beladenes, entmastetes, steuerloses Schiff mit Notflagge. Schnell eilte er zur Station Kniephafen Hörn, wo sich bereits eine hinreichende Mannschaft versammelte, sodass das Rettungsboot „Theodor Preußer" sofort hinausfahren konnte. Vor dem Wrack musste eine Sandbank umschifft werden, weshalb wir ein kleines Boot mitnahmen um es nach der anderen Seite bis in die Nähe des Wracks zu schleppen. Einer unserer stärksten Männer versuchte zunächst vergeblich das Wrack zu erreichen, auf welchem sich fünf Personen in größter Gefahr befanden.

Erst beim fünften Anlauf gelang es, und nun wurden die Personen einzeln herübergeholt. Es gelang auch, alle Schiffbrüchigen, darunter die Frau des Kapitäns, in das Rettungsboot zu bergen. An Land gekommen nahm ein Wagen die total erschöpften Schiffbrüchigen auf und brachte dieselben ins Dorf, wo sie in gute Pflege genommen wurden. Fünf Tage und Nächte waren die Unglücklichen auf dem entmasteten und steuerlosen Schiff herumgetrieben und namentlich die junge Frau des Kapitäns hatte schrecklich gelitten. Das Schiff war die holländische Tjalk „Unanimite", Kapitän Kruize, mit Harz von Bayonne (Frankreich) nach Stettin bestimmt.

„Padilla" und „Osprey No. 32."

Schon vorher, am 17. April 1883 hatte das Rettungsboot „Theodor Preußer", der Station Kniephafen in Zusammenarbeit mit der „Elberfeld" der Station Süd die Mannschaft des deutschen Ewers „Padilla", Kapitän Schuback in Sicherheit gebracht.
Am 24. Mai 1884, nachmittags 5 1/2 Uhr wurde dem Vorsitzenden des Amrumer Ortsausschusses Anton Schau von einem Knaben die Nachricht gebracht, dass in der Brandung von *Holtknob* ein Schiff mit Notflagge liege.
„Als gleich darauf die Tochter des Vormannes Flor, die Kunde bestätigte, wurde das Rettungsboot „Theodor Preußer" der Station Kniephafen schleunigst zu Wasser gebracht. Starker Nordwind und der Flutstrom hinderten jedoch das Vorwärtskommen des Rettungsbootes ungemein, sodass wir erst nachts um 2 1/2 Uhr die Unglücksstelle erreichten. Wir fanden das Schiff in gefährlicher Lage und von der Mannschaft verlassen, die kurz vorher offenbar mit dem kleinen Beiboot geflüchtet waren. Sofort begannen wir mit der Suche und fanden dasselbe um 3 Uhr morgens mit fünf Mann auf einer Sandbank, völlig durchnäßt und erschöpft. Wir nahmen die Schiffbrüchigen auf und erreichten gegen 7 Uhr den Strand, wo die Leute sofort in beste Pflege genommen wurden. Das verunglückte Schiff war der englische Fischkutter „Osprey No. 32", Kapitän Cock.

„Courier" und „Thomas Small"

Am 5. Dezember 1884 morgens 8 1/2 Uhr kam der Sohn des Leucht-turmwärters Christiansen und meldete bei Kapitän Schau, dass südwestlich vom Leuchtturm ein Schiff die Notflagge zeige. Binnen kurzem war die Rettungsmannschaft der Station Amrum Süd zusammengerufen, worauf die älteren Männer auf einem (Pferde)Fuhrwerk, die jüngeren nebenher zu Fuß zur Station gingen. Dieselbe war in ca. einer 3/4 Stunde erreicht. Das Rettungsboot „Elberfeld" wurde zu Wasser gebracht und bei heftigem Südweststurm eilte man dem gefährdeten Schiff zur Hilfe. Es war der deutsche Ewer „Courier", Kapitän Humburg, mit Eisenbahnschienen von Glückstadt nach Dagebüll bestimmt. Nachdem drei weitere seetüchtige Schiffe aus der Schmaltiefe zu Hilfe eilten, konnte das gestrandete Schiff in Sicherheit gebracht werden.

Am 13. Oktober 1885 wurde die Bark „Thomas Small", Kapitän Dillwitz aus Wustrow, durch einen plötzlichen Sturm leckgeschlagen und geriet nach vergeblichen Lenzbemühungen in die Brandung westlich des Kniep-sandes. Trotz des weichen Sandes stieß das Schiff so heftig auf, dass ein Aufbrechen befürchtet wurde. Das große Boot wurde zu Wasser gebracht und die Mannschaft einschließlich des Kapitäns sprang hinein, nachdem sich Letzterer noch hatte versichern lassen, dass alle im Boot waren. Doch dann wurde das Fehlen des Leichtmatrosen Carl Kniep aus Bremerhaven bemerkt, der nun an Deck erschien und verzweifelt um Hilfe rief. Es gelang aber nicht, mit dem Boot zum Wrack zurückzukommen, obwohl die Mannschaft eine Stunde lang versuchte gegen Strömung und Brandung anzurudern. Schließlich gab sie auf. Auch dem Rettungsboot gelang es später nicht, zum Wrack zu gelangen und am nächsten Morgen trieb die Leiche des Verunglückten an.

Ein Originalbericht aus dem Jahre 1889 über die Strandung des Schoners „Persian":

Der Ortsausschuss der Insel Amrum berichtete:

Am 21. August, Morgens 6 Uhr, erhielten wir die Meldung, dass sich ein Schiff in WNWlicher Richtung vom Leuchtthurm in gefahrbringender Nähe des Landes befände und wahrscheinlich stranden würde. Zunächst wurde die Mannschaft der Südstation alarmirt, da nach der Meldung diese Station dem Schiffsorte am nächsten zu liegen schien. Hier angekommen, fanden wir, dass das Schiff schon an der Aussenseite des Kniepsandes, am Nordende desselben, gestrandet war. Gleichzeitig bemerkten wir, dass die Nordstation bereits in Thätigkeit getreten, und dass das Rettungsboot „Chemnitz" schon gegen Sturm und hochgebende See kämpfte, um das verunglückte Schiff zu erreichen. Dasselbe arbeitete in der hohen Brandung sehr schwer, sodass wir ein baldiges Aufbrechen des Schiffes befürchteten. Schnell eilten wir jetzt zur Station Kniephafen II, um mit dem grossen Rettungsboot „Theodor Preußer" die „Chemnitz" in ihrem Rettungswerke zu unterstützen. Rasch wurde das Boot zu Wasser und mit vieler Mühe gegen die hohe See vom Lande abgebracht.

Um 9 Uhr gelang es dem Rettungsboote „Chemnitz", unter Aufbietung aller Kräfte, das gestrandete Schiff zu erreichen und um 10 Uhr trafen wir bei demselben mit dem „Theodor Preußer" ein. In dem Schiffe befanden sich bereits fünf Fuss Wasser und wollte die Mannschaft dasselbe sofort verlassen. Da die Rückfahrt jedoch, unter den obwaltenden Umständen, mit der grössten Gefahr verbunden war, wurde beschlossen, noch bis zum Eintritt der Ebbe zu warten. Nachmittags 4 Uhr gelang es die aus fünf Personen bestehende Mannschaft mit dem „Theodor Preußer" unter grossen Schwierigkeiten glücklich zu landen.

Trotz der grossen Gefahr, mit welcher ein längeres Verweilen auf dem Schiffe verbunden war, wollte der Kapitän sein Schiff noch nicht verlassen, bat jedoch die Mannschaft der „Chemnitz", bei dem Schiffe zu bleiben. Als aber in der Nacht der Abends etwas schwächer gewordene Sturm wieder heftiger wurde, konnte auch der Kapitän nicht länger an Bord verweilen und gelang es der „Chemnitz" um 4 Uhr Morgens mit demselben ebenfalls glücklich das Land zu erreichen.

Das verunglückte Schiff war der englische Schuner „Persian", Kapitän Cooksley, mit Kohlen von Grangemouth nach Harburg bestimmt.

Fischkutter „P. C. 10"

Bericht des Vorstandes des Ortsausschusses der DGzRS Amrum, Kapitän Julius Schmidt: „Am 23. April 1890, morgens 5 1/4 Uhr wurde ich vom Leuchtturm aus benachrichtigt, dass in der Nähe von Jungnamensand ein Schiff gestrandet sei. Sofort begab ich mich nach der Station Kniephafen Nord, wo auch die Rettungsmannschaft zu gleich mit mir eintraf. Das Rettungsboot „Theodor Preußer" wurde schleunigst zu Wasser gebracht, was über die neuerbaute Helling sehr rasch vor sich ging, sodass wir schon um 6 Uhr abfahren konnten. Es stürmte heftig aus WSW bei hoher See mit heftiger Brandung. Um 9 Uhr erreichten wir das gestrandete Schiff, das nach unserer Meinung bei einsetzender Flut in der Brandung auseinanderbrechen musste. Der Schiffskoch wollte nicht länger an Bord bleiben und wurde von uns mit Genehmigung des Kapitäns aufgenommen.

Inzwischen war es Ebbe, die Brandung hatte etwas nachgelassen und das Schiff lag ruhig und fest, weshalb Kapitän und Steuermann erklärten, das Schiff noch nicht verlassen zu wollen, baten jedoch dringend, dass wir in der Nähe des Schiffes bleiben, wozu wir uns bereit erklärten. Es kam dann so, wie wir es vorausgesehen hatten. Mit steigender Flut arbeitete das Schiff in der furchtbaren Brandung so schwer und stieß so heftig auf, dass es leck wurde. Es war nachmittags 4 Uhr, als wir herangerufen wurden. Aber jetzt konnten wir trotz äusserster Anstrengung das in heftiger Brandung liegende Schiff nicht erreichen. Erst um 7 1/2 Uhr abends, mit Eintritt der Ebbe gelang es uns unter größten Schwierigkeiten und mit eigener Lebensgefahr Kapitän und Steuermann aus der gefährlichen Lage zu befreien. Um 10 Uhr abends, nach sechzehnstündiger Fahrt, erreichten wir mit den Geretteten glücklich den Strand. Das gestrandete Schiff war der deutsche Fischkutter „P. C. 10, Kapitän Hinrich, mit Seefischen nach Hamburg bestimmt."

Föhrer Kuff „Tetta Margarethe"

Am 6. Oktober 1890 abends erhielten wir die Nachricht, dass im Süden der Insel ein Schiff anscheinend in Gefahr sei. Sofort wurde die Mannschaft der Station Süd zusammengerufen und auf zwei Wagen zur Station befördert, wo das Rettungsboot „Elberfeld" zu Wasser gebracht wurde. In der dunklen Nacht war von einem Schiff nichts zu sehen, auch bemerkten wir keine Signale, gingen aber dennoch gegen 2 Uhr nachts hinaus, um bei Tagesanbruch in der Nähe des Schiffes zu sein. Es stürmte stark aus Westen mit heftigen Böen und hochlaufender See. Bei Tagesanbruch sahen wir bei Seesand ein Beiboot liegen und bemerkten bald die Notsignale der Schiffbrüchigen, welche sich in die Bake auf Seesand gerettet hatten. Wir setzten nun Segel, um so rasch wie möglich die Bake zu erreichen, wo wir aber erst morgens gegen 7 Uhr eintrafen. Bei der hohen Brandung war die Aufnahme der drei Schiffbrüchigen mit vielen Gefahren verbunden. Das Schiff war am Abend vorher im Rütergat gestrandet und musste im sinkenden Zustand von der Besatzung verlassen werden. Diese hatten bereits völlig durchnässt 14 Stunden in der Bake verweilt. Gegen 9 Uhr erreichten wir wieder die Station, wo selbst Kaffee gekocht und die Schiffbrüchigen mit trockenen Kleidern versehen wurden. Das verunglückte Schiff war die deutsche Kuff „Tetta Margarethe", Kapitän Tadsen von Föhr, mit Steinkohlen von Warkworth nach Wyk bestimmt."

Tonnenleger Ricklefs als Seenotretter

Das Rettungswesen im Seebereich von Amrum wurde aber nicht ausschließlich von den Booten der DGzRS Stationen bestimmt. Immer wieder taucht auch der Tonnenleger Ricklefs auf, aus dessen häufiger Anwesenheit auf See sich sogar eine gewisse Konkurrenzsituation zu den Stationen der Deutschen Gesellschaft zur Rettung Schiffbrüchiger entwickelt. sodass der Vorsteher des Bezirksvereines, der Postinspektor Picker Husum, einige Male ärgerlich anfragte, warum die in Frage kommenden Schiffbrüchigen, „nicht von unseren Booten, sondern von Ricklefs gerettet worden waren..."

Was natürlich daran lag, dass der Tonnenleger oft in der Nähe des Strandungsgeschehens war - und zur schnellen Hilfeleistung eingreifen konnte. Beim Studium der Strandungsfälle und der Rettungsaktivitäten fällt aber auch auf, dass der Tonnenleger bei Meldung eines Seenotfalles über den Amrumer Leuchtturm eher oder mindestens gleichzeitig mit den Rettungsstationen der DGzRS bzw. deren Vormännern benachrichtigt wurde. Immerhin wurden ja für die Rettung von Schiffbrüchigen Prämien gezahlt und ggf. Rettungsmedaillen verliehen, und eine gewisse und zeitweilige Kumpanei zwischen

Der Tonnenleger Gerret Conrad Ricklefs (1852 – 1943) machte den Amrumer Rettungsstationen mit seinem Tonnenlegerschiff immer wieder Konkurrenz.

Leuchtturmwärtern und dem Tonnenleger ist unverkennbar. Vielleicht war diese aber auch begründet durch eine persönliche Aversion, insbesondere als Volkert Martin Quedens Vormann war. Denn derselbe war wegen seines robusten Auftretens und seiner Dominanz bei Strandungsfällen und Bergelöhnen bei etlichen Insulanern unbeliebt. Eine besondere Rettungstat des Tonnenleger Gerret Ricklefs ereignete sich am 10. Oktober 1890, worüber der Letztere das Nachfolgende berichtet:

Norwegischer Dampfer „Frida"

Als ich am genannten Tag auf der großen Bake auf dem Seesand südlich von Amrum beschäftigt war, bemerkte ich von der Höhe der Bake gegen 16.30 Uhr in der Rütergat-Brandung ein gestrandetes Schiff, das Notsignale zeigte und kreuzte sofort mit meinem Tonnenlegerschiff in die Nähe des gestrandeten Dampfers, der schon bis zur Kommandobrücke unter Wasser lag. Ich hatte nur einen Hilfsmann an Bord, beschloss aber trotzdem die Rettung zu versuchen. Ich verankerte mein Schiff und kam mit meinem Beiboot auch glücklich durch die Brandung an die Leeseite des Dampfers. Es waren elf Mann an Bord, alle durchnäßt und in erschöpften Zustand. Aber so viele auf einmal konnte unser kleines Beiboot nicht aufnehmen. Wir holten deshalb zunächst fünf Mann herunter und kamen durch die Brandung glücklich zu meinem Schiff. Dann mussten wir die riskante Fahrt zum Wrack noch einmal machen und es gelang, auch die letzten sechs Mann herüberzuholen, zunächst zu verpflegen und in der

Norwegische und deutsche Rettungsmedaillen anlässlich der Rettung der Besatzung des Dampfers „Frida".

Nacht nach Wittdün zu bringen". (Dort gab es 1890 nur das Hotel Wittdün des erwähnten Volkert Martin Quedens) Der Dampfer hieß „Frida", Kapitän Stadberg, von Fragerborg (Norwegen) mit Heringen nach Hamburg unterwegs, schon am Vortage in die Rütergat-Brandung geraten und gleich voll Wasser gelaufen. Dabei wurden die Boote des Dampfers von der See weggerissen und die Mannschaft hatte sich, völlig durchnäßt und ohne Nahrung die Nacht hindurch im Mast festgehalten und bei Ebbe auf die Kommandobrücke zusammengedrängt. Eine zweite Nacht hätten die meisten nicht überlebt."

Für diese Rettungstat erhielt der Tonnenleger Ricklefs die höchsten Auszeichnungen des Königreiches Schweden-Norwegen und der Deutschen Gesellschaft zur Rettung Schiffbrüchiger, die natürlich lieber gesehen hätte, wenn die Rettung durch Boote ihrer Amrumer Stationen erfolgt wäre. In einem der drei Altarblätter der Evangelischen Kapelle in Wittdün hat der Maler des Altaraufsatzes, Soltau (1877 - 1956) die dramatische Szenerie eines Schiffbruches dargestellt - fraglich ob hier die Strandung der „Frida" oder des Dampfers „Albis" (1922) die Grundlage war. Das Motiv deutet am ehesten auf die „Frida" hin, während für den Hamburger Dampfer „Albis" die Tatsache spricht, dass der Wittdüner Hotelier Carl Quedens, als Vormann des Rettungsbootes der Station Süd an der Rettung der Mannschaft beteiligt, der Auftraggeber und Finanzier des Altaraufsatzes war.

Die Todesfahrt des Rettungsbootes „Theodor Preußer"

Aus der Geschichte des DGzRS Rettungswesens von Amrum ragt der vergebliche und unglückliche Einsatz der „Theodor Preußer am 30. Oktober 1890 heraus, kostete er doch zwei Rettungsmännern und Familienvätern aus Norddorf das Leben. Die Tragödie begann mit der Strandung des englischen Schiffes „Reintjedina", mit Tonröhren von Dundee (Schottland) nach Hamburg bestimmt, das am 29. Oktober bei fliegendem Südweststurm auf das Außenriff vor Wenningstedt Sylt stieß und unterging. Die Besatzung, vier Mann, retteten sich zunächst in den Vordermast, nachdem sie schon seit acht Tagen fortwährend gepumpt hatten, um das leck gesprungene Schiff über Wasser zu halten.

Unglücklicherweise geriet die „Reintjedina" bei Ebbe auf Grund und lag nun ein Stück von der Küste entfernt. Sofort nach Bekanntwerden der Strandung wurde der Raketenapparat an den Strand gebracht, aber infolge des hart wehenden Sturmes erreichte erst nach 30 Schüssen eine Leine das Wrack. Inzwischen war es aber dunkel geworden. Als erster sprang der Steuermann über Bord, doch konnte er nur als Leiche an Land gezogen werden. Dann folgte der aus Carlisle gebürtige Koch, sehr erschöpft, aber wenigstens noch lebend. Dann aber riß die Verbindung und die restlichen Schiffbrüchigen hatten nicht mehr die Kraft, die an der dünnen Verbindungsleine befestigte starke Trosse herbeizuziehen.

Die Nacht brach herein und weitere Rettungsversuche waren nicht mehr möglich. Mittlerweile war auch die letzte Rakete verschossen, die man auf Sylt hatte. Anderntags bot sich das gleiche Bild. Das Lister Rettungsboot konnte wegen der hohen Brandung nicht auslaufen und die Hoffnung auf Rettung der schon fast dreißig Stunden im Mast hängenden zwei Schiffbrüchigen sank auf den Nullpunkt. Das herbeigeholte Boot der Westerländer Badeverwaltung kam trotz mehrfacher Versuche nicht durch die Brandung, und die zahlreichen Sylter, die sich auf dem hohen Kliff versammelt hatten, starrten schweigend und hilflos zu den Masten, wo das Winken der Schiffbrüchigen müder wurde und schließlich verstummte. Unter den Versammelten am Sylter Strand befand sich der Postinspektor Schütz aus Westerland. Wie andere konnte er die Situation auf der „Reintjedina" nicht mehr ertragen, eilte zurück und sandte an den Kollegen Posthalter auf Amrum, Hinrich Philipp Hansen (1839 - 1898) das folgende Telegramm: „Hier Inspektor Schütz Ich komme gerade von der Strandungsstelle bei Wenningstedt. Die Raketen sind vergeblich verschossen. Das Lister Rettungsboot ist wieder abgesegelt. Die Brandung ist nach Angabe von Sachkennern mäßig. Können Sie nicht Seeleute mobil machen, da hier nichts zur Rettung der Mannschaft, die in den Masten sind, geschieht." Bei anderer Gelegenheit äußerte der Postinspektor: „Wenn diese Strandung bei Amrum passiert wäre, wären die Leute längst gerettet." Der Amrumer Posthalter, der frühere Kapitän Großer Fahrt, gab das Telegramm an den Vorstand der DGzRS Amrum, den Kapitäns-Kollegen Julius Schmidt

Die gestrandete und gesunkene „Reintjedina" bei Wenningstedt auf Sylt.

weiter und notierte auf der Rückseite: „Umstehendes wird mir eben von Westerland telegraphiert .Sollte sich etwas von hier aus machen lassen?" Julius Schmidt rief die Mannschaft der Station Nord zusammen und stieg auch selbst mit in das Rettungsboot „Theodor Preußer", wozu neben der Stammbesatzung noch zwei Freiwillige kamen, sodass das Rettungsboot mit zehn Mann über die Helling in den Kniephafen und dann in die Brandung der offenen See ging. Ziel: Wenningstedt auf Sylt, rund 42 Kilometer entfernt! Ein fast unglaublicher und mutiger Einsatz unter Führung des Vormannes Volkert Flor.

Gekentert in einer Grundsee bei Hörnum

Um 2 Uhr nachmittags war das vollständig ausgerüstete Boot von der Station gegangen. Am Tage vorher hatte noch ein heftiger Sturm aus westlicher Richtung an der gesamten Nordseeküste geherrscht. Am Morgen des 30. Oktobers war der Sturm bis zur frischen Brise abgeflaut. Aber draußen vor Amrum traf das Rettungsboot doch noch auf eine hochlaufende See und auf den vor Amrum liegenden Untiefen auf eine hohe Brandung.

Vergeblich der Versuch, mittels Raketen-Leinen die Schiff-
brüchigen zu retten.

Die „Theodor Preußer" bewährte sich nach einstimmiger Aussage der Besatzung wieder einmal ganz vorzüglich. Das Boot nahm fast kein Spritzwasser über und niemand wurde naß. So gelangte das Boot bis unter die Sylter Südspitze Hörnum, wo noch einmal eine Brandung zu durchfahren war, was ohne Schwierigkeiten gelang. Damit schien die größte Gefahr überwunden. Man war auf tieferes Wasser gelangt und hatte nun eine verhältnismäßig ruhige See bekommen. Mit frischem Mut ging es vorwärts, nach Norden, als plötzlich ganz unerwartet eine hohe steile See quer in das Boot einlief und dieses zum Kentern brachte. Dies geschah nachmittags 4 1/2 Uhr. Alle Leute wurden herausgeschleudert. Der Vormann Volkert Flor und sein Bruder Theodor gelangten auf den Kiel, während die anderen mit ihren Korkjacken umhertrieben. Wenige Minuten nach dem Kentern richtete sich die „Theodor Preußer" wieder auf, weil die Masten unter Wasser gebrochen waren. Zwei Männer die zunächst unter dem Boot waren, standen nun in demselben. Bald gelang es mehreren, darunter dem Vormann Volkert Flor in das Boot zu kommen und die anderen bis auf zwei hereinzuziehen! Einer dieser beiden, Jens Peter Bork, trieb zwar auch ganz in der Nähe, rührte sich aber nicht mehr, sodass die Kameraden glaubten, dass ihn der Schlag getroffen oder er von dem kenternden Boot erschlagen worden sei. Ein ihm zugereichter Bootshaken wurde nicht mehr erfasst. Der andere, im Wasser treibende Bruder des Vormannes, Theodor Flor, welcher nach dem Kentern auf dem Kiel des Bootes gesessen hatte, war aber von einer Welle weit weg gespült worden und war nicht mehr zu erreichen, weil die „Theodor Preußer" randvoll Wasser geschlagen war und nur zwei Riemen gerettet werden konnten. Theodor Flor konnte noch winken, aber die Strömung trug ihn rasch davon.

Dann brach die Dunkelheit herein und der Unglückliche entschwand den Blicken der Kameraden, ebenso der regungslose Jens Peter Bork. Inzwischen waren acht Männer wieder im Boot, das randvoll Wasser geschlagen war. Weil die Ledereimer beim Kentern verloren gegangen waren, gelang es nicht, das Boot auszuschöpfen und es konnten auch nur noch wenige Riemen aufgefischt werden. Kurz vor dem Kentern hatte der Vormann die Bake auf Hörnum SSO gepeilt und man befand sich etwa eine Seemeile (ca. 1,8 km) vom Strand entfernt. Die ganze Aufmerksamkeit und Geschicklichkeit der Besatzung musste nun aufgeboten werden, die „Theodor Preußer" in Richtung Hörnum-Strand zu manövrieren, wobei es vor allem dem damals 26jährigen Gerret Peters und dem Vormann zu verdanken war, dass sich das Boot langsam dem Lande näherte und es schließlich gelang, durch die Brandung den Strand zu erreichen, nachdem die Wellen noch mehrere Male über das vollgeschlagene Boot gegangen waren und die Männer Mühe hatten, sich festzuhalten.

Um 7 Uhr abends betraten die acht Überlebenden endlich vollständig ermattet und steif vor Nässe und Kälte in Nähe der Hörnumer Bake das Land. Hier wurden die Korkjacken abgelegt und beschlossen, unverweilt nach dem nächsten, südlichsten Sylter Dorf Rantum zu gehen, das etwa 1 1/2 deutsche Seemeilen (ca. 12 km) entfernt war. Einige waren so schwach, dass sie kaum vorwärts kamen. Zwei der jüngeren und kräftigen Männer eilten deshalb so schnell wie möglich voraus, um in Rantum Hilfe zu holen. Etwa 9 Uhr abends kamen die beiden in Rantum an, von wo sofort ein Pferdefuhrwerk am Strande entlang in Richtung Hörnum gesandt wurde. Um Mitternacht langten die letzten Leute im Dorfe an, wo sie beim Strandvogt Thiessen, dem Vormann der Rantumer Raketenstation, und bei den anderen Einwohnern die liebevollste Aufnahme fanden. (Rantum war damals ein von Dünen bedrängtes Dorf, das nur noch fünf Häuser zählte).

Die Depesche kam zu spät

Das Kentern des Rettungsbootes „Theodor Preußer" der Station Nord war aber auf Amrum nicht unbemerkt geblieben. Von der Anhöhe „Rolufs Knob" nebst Kletterstange an seinem Haus - nach anderen Berichten von der Höhe des Hügelgrabes Henershuuch - hatte der Austernvorfischer Roluf Peters mit seinem Spektiv den Einsatz verfolgt und eilte nach dem Unglück sofort nach dem etwa 5 km entfernten Nebel, um von der dortigen Telegraphenstation des Posthalters Hinrich Philipp Hansen nach Westerland zu telegrafieren, mit der dringenden Bitte, von Rantum aus Hilfe nach Hörnum zu schicken. Die Depesche kam jedoch erst abends um 10 Uhr dort an, als schon die zwei Männer aus der Mannschaft der „Theodor Preußer" in Rantum angelangt waren.

Auf Amrum verbreitete sich die Nachricht vom Unglück des Rettungs-bootes natürlich in Windeseile und für die Angehörigen der Besatzung folgten quälende Stunden der Angst und der Ungewissheit. Erst am fol-genden Tag, am 31. Oktober lief in Nebel eine Depesche ein, dass zwei Männer ums Leben gekommen, die anderen aber in Sicherheit waren. Aber erst als diese am Abend nach Amrum zurückkehrten, erhielten die beiden Familien der Verunglückten eine endgültige Nachricht, dass ihre Ehemän-ner bzw. Väter umgekommen waren. Josepine Bork hatte sieben Kinder, von denen noch fünf unmündige im Hause waren, das älteste davon 14 Jahre alt. Ein Sohn von 20 Jahren lebte in Amerika, ein siebzehnjähriger Sohn auf Sylt. Die Witwe Christine Flor hatte fünf Kinder, das älteste vier-zehn Jahre alt. Sofort machte sich der Pastor Wilhelm Tamsen auf den Weg von Nebel nach Norddorf, um den betroffenen Familien Trost zu spenden. Es war ein glücklicher Zufall, dass sich gerade der Inspektor Pfeifer der DGzRS auf Amrum befand. Auch er suchte sofort die Betroffenen auf und brachte immerhin die beruhigende Zusicherung, dass eine Lebensversi-cherung der Rettungsgesellschaft und die seit einigen Jahren bestehende Seeberufsgenossenschaft für eine finanzielle Unterstützung sorge - jährlich eine Summe von 560 Mark (in etwa der Jahresverdienst eines Arbeiters in jener Zeit) Hinzu kamen dann durch Legate und Spenden, z B durch den französischen Förderer des Rettungswerkes, Emile Robin, einige

Male durch den Magdeburger Ruderclub und durch die Laeisz-Stiftung regelmäßige Weihnachtsspenden von 50 bis 100 Mark, sodass die beiden Witwen ungeachtet der beschwerlichen Lebensumstände in gewisser Weise auch beneidet wurden. Der DGzRS-Inspektor Pfeifer ließ auch die Überlebenden der „Theodor Preußer" zusammenrufen und lobte sie im Namen der Gesellschaft für ihren heldenmütigen Einsatz.

Das Westerländer Badeboot im Einsatz

Auch auf Sylt, auf dem hohen Kliff am Wenningstedter Strand verbreitete sich schnell die Nachricht vom Unglück des Amrumer Rettungsbootes. Nun gab es kaum noch Hoffnung für die Rettung der beiden Männer im Mast der „Reintjedina", die eine weitere Nacht ausharren mussten, und deren Überlebenschance auf den Nullpunkt gesunken war. Am folgenden Tag drehte der Wind jedoch nach Südost und der Wellengang legte sich. Das Lister Rettungsboot machte sich wieder auf den Weg, aber bevor es zur Stelle war, gelang es einer todesmutigen Mannschaft von vier Syltern, nämlich John Nickelsen, Anton Laugesen, Julius Clausen und Anton Hansen, mit dem Boot der Badeverwaltung das Wrack zu erreichen. Aber der Kapitän hing tot am Klüverbaum und nur der Schiffsjunge Miller wurde noch lebend aus dem Mast geholt und an Land gebracht. Für diese mutige Rettungstat erhielten die vier silberne Medaillen und eine Belobigung durch den

Die Witwe Ingeline Josepine Bork (Piine Oome), deren Mann Jens Peter Bork 1890 als Rettungsmann sein Leben verlor.

Regierungspräsidenten der preussischen Provinz Schleswig-Holstein. Es war dann ein ungewöhnlicher Leichenzug, der sich über die Heide von Wenningstedt nach Keitum bewegte, wo die beiden Toten der Strandungstragödie auf dem Friedhof von St.-Severin nach einer ergreifenden Leichenrede von Pastor Carstens beerdigt wurden.

Am 3. November reiste der schon erwähnte Inspektor der DGzRS, Kapitän Pfeifer, nach Westerland, um mit dem dortigen Ortsausschuss den Strandungsfall und die nur zum Teil geglückte Rettung zu besprechen, zumal es Klagen gegeben hatte, dass die auf Sylt getroffenen Rettungsmaßnahmen sehr mangelhaft waren. Ebenso wurde mit den beiden Überlebenden der „Reintjedina" gesprochen, die sich zur Pflege in Wenningstedt befanden. Kapitän Pfeifer besuchte auch die drei Raketenstationen Rantum, Westerland und Kampen, wobei festgestellt wurde, dass man insgesamt 41 Raketen verschossen hatte bei dem Versuch eine Verbindung zum gestrandeten Schiff herzustellen. Ebenso wurde festgestellt, dass sich die Strandung des englischen Schoners unter denkbar ungünstigen Umständen ereignete, wie sie seit Bestehen der DGzRS Stationen auf Sylt, also in den letzten 25 Jahren, noch nie zu verzeichnen waren.

Der Schoner, der nach Aussage der Geretteten eine schwere Reise hinter sich hatte und schon seit Tagen leck war, strandete auf einem Ausläufer des äussersten Riffs, etwa 350 Meter entfernt vom Strande, durchstieß beim Auflaufen gleich den Boden und sank. Das Deck des Schiffes wurde gleich vollständig überflutet, sodass sich die Besatzung in den Mast mit einer kleinen Rahe flüchten musste. Bei diesem kleinen Ziel und der Entfernung musste es äusserst schwer fallen, mit der Rakete eine Leine über das Schiff zu werfen, was aber doch im Laufe der beiden Tage einige Male gelang. Aber die Schiffbrüchigen konnten das starke Jolltau nur mit größter Anstrengung einholen, zumal es sich noch auf halbem Wege in einer Buhne verfing. Wäre nicht dieser unglückliche Umstand eingetreten, hätte das Jolltau am Mast des Schiffes befestigt und die vier Mann gerettet werden können.

Zwar gelang es noch zweimal eine Schießleine hinüberzuschießen, aber den Schiffbrüchigen war es nicht mehr möglich, das Jolltau mit der Hosenboje herüber zu ziehen. Mit einem in die Schießleine eingehakten Block gelang es dann dem Schiffskoch, das Land zu erreichen. Aber als der Steuermann Stunden später ein gleiches Manöver versuchte, blieb der Block auf halber Strecke stecken und er konnte nur als Leiche an Land gezogen werden. In seinem Bericht an die DGzRS in Bremen schreibt der Inspektor Pfeifer dann weiter: Am Nachmittag dieses Tages wurde das Rettungsboot der Station Nord auf Amrum telegraphisch requiriert, aber ich gestatte mir die Bemerkung, dass dies überflüssig war, zumal das Lister Rettungsboot nichts hatte ausrichten können und das Amrumer Rettungsboot einen ungleich längeren Weg unter ungünstigen Wetterverhältnissen zurücklegen musste. Nach dem tragischen Verlauf der Rettungsfahrt darf es aber beruhigen, dass das Boot nicht durch unsere Rettungsleute herbeigerufen ist. Auch in einer Seeamtsverhandlung in Tönning am 17. März 1891 wurde das Telegramm des Inspektors Schütz kritisiert. Aber er hat angesichts der Bedrängnis seiner menschlichen Erregung und der Todesnot der Schiffbrüchigen gehandelt und das ist lobend anzuerkennen. Deshalb trifft ihn keine Schuld. Unzutreffend war allerdings die Aussage im Telegramm nach Amrum, „dass hier auf Sylt nichts zur Rettung der Menschen geschieht."·Eine Aussage, die der Postinspektor denn auch mit Bedauern zurücknahm. Vielmehr stellte die Seeamtsverhandlung fest, dass seitens der Sylter Rettungsleute das Menschenmöglichste getan worden ist."

Das Grab in der Dünenheide von Nordjütland

Mit dieser Verhandlung des Seeamtes hatte das Drama um die Todesfahrt der „Theodor Preußer" aber noch keinen Abschluss gefunden. Am 17. November 1890 kam in Nebel bei der Poststation bzw. beim Kapitän Julius Schmidt das nachfolgende Telegramm an: „To Lig med Redningsbelte i dag bjerget i Land. Formodelig fra Amrum-Redningsstation. Bliver begravet om 4 Dage. Poulsen, Nørre Vorupør." (Zwei Leichen mit Rettungsgürtel heute an Land geborgen. Vermutlich von der Amrumer Rettungsstation. Werden in 4 Tagen begraben) Rückfrage von Amrum: „Wo liegt Nørre Vorupør?" Antwort: „Nahe Thistedt". Rückantwort an den Bürgermeister (?) Poulsen: „Flor zwecks Recognisierung der Leichen abgereist." Und nach der Ankunft in dem kleinen Küstenort in Nordjütland: „Theodor und Jens hier. Warten und geben Bescheid, Volkert Flor."

Die Beerdigung fand am 21. November statt und dazu vermittelte der Vormann Volkert Flor den folgenden Bericht: „ Ich fühle mich gedrungen, meine Landleute wissen, zu lassen, welche gute, christliche Behandlung den verunglückten Amrumer Rettungsleuten zuteil geworden ist. Als ich daselbst ankam, fand ich die beiden Leichen am ganzen Körper gereinigt und in weissen Sterbekleidern vor. Die ganze Bevölkerung hier besteht aus Fischern, hier ist auch eine Rettungsstation, sodass die Leute den Unglücksfall wie auch die Lage der Hinterbliebenen zu würdigen wissen. Auch ist bei dem genannten Ort (Nørre Vorupør) vor einigen Jahren ein ähnlicher Unglücksfall passiert, wobei acht Rettungsleute ihren Tod fanden. Dieselben ruhen daselbst in einem gemeinschaftlichen Grab und die beiden Amrumer sind ihnen zur Seite gebettet.

Die ganze Bevölkerung wetteiferte, um uns behilflich zu sein und den beiden die letzte Ehre zu erweisen. Am Tage der Beerdigung wurden die Leichen mit Blumen und Kränzen geschmückt. Das Zimmer war mit Flaggen ausgehängt, wie denn auch letztere von allen Häusern halbmast wehten Die ganze Bevölkerung hatte sich zur Beerdigung eingefunden, und nachdem man zwei Gesänge gesungen, wurden die Särge geschlossen. Zwei Flaggen wurden dem Zug auf dem Weg zum Kirchhof vorangetragen. Zunächst wurden die Särge in die Kirche gebracht, wo der Prediger die Leichenrede hielt, nach welcher man die beiden zur ewigen Ruhe bestattete. Die Leichen wurden von der dortigen Rettungsmannschaft getragen, die auch zwei schöne Kränze lieferte. Besonders verdient der Strandvogt Paulsen daselbst für sein edelmütiges und uneigennütziges Verhalten das höchste Lob und die Anerkennung aller edeldenkenden Menschen.
Am Tage der Beerdigung fuhr kein Fischer in See und nachmittags waren alle Läden geschlossen - alles zur Ehre der beiden Toten. Alle, die sich auf eine oder andere Weise mit den Leichen beschäftigt hatten, wurden vom Strandvogt unentgeltlich bewirtet. Auch verdienen die Fischer Erik Mikkelsen und Christian Buetsen nebst Gehilfen die höchste Anerkennung, da sie gleich nach Auffindung der Leichen an Land gefahren sind und somit ihres Verdienstes für den Tag verlustig gingen.“

Das Grab ist noch heute vorhanden

Der alte Friedhof von Nørre Vorupør liegt einen knappen Kilometer außerhalb des Ortes in einer sanft gewellten Dünen- und Heidelandschaft, auf einen Hügel von windzerzausten Bäumen umgeben und fast

vergessen! Denn er wird seit Jahrzehnten nur noch in Ausnahmefällen, vermutlich auf besonderen Wunsch der Verstorbenen im Rahmen einer langjährigen Familiengrabstelle benutzt. Ein kaum noch begeh- und befahrbarer Feldweg führt zum Friedhofshügel hin. Unverändert ragt der Grabstein der beiden Amrumer Jens Peter Bork (auf dem Grabstein irrtümlich Broch geschrieben) und Theodor Flor aus dem Rasengrün. Während fast überall auf den Friedhöfen der Welt nach Ablauf der Totenruhe die Grabsteine und die Namen der Toten verschwinden, sind die Namen der beiden verunglückten Amrumer Rettungsmänner unverän-

Urenkel und Ururenkel besuchen noch heute das Grab der beiden Norddorfer Rettungsmänner Theodor Flor und Jens Peter Bork auf dem kleinen Dünenfriedhof in Nordjütland.

dert und offenbar mit ihren aufgefrischten Inschriften in der einsamen, nordjütländischen Landschaft vorhanden, natürlich besucht von Urenkeln und Ururenkeln, wenn diese eine Dänemark-Rundfahrt machen.

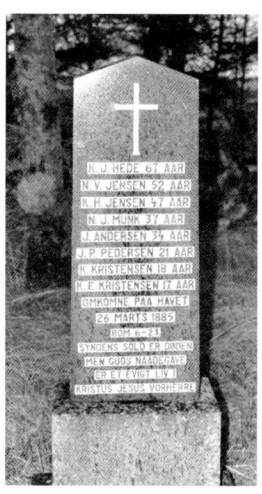

Johannes Quedens (links) und Theodor Flor (Theo Sütjer),
Nachkommen von Jens Peter Bork und Theodor Flor 1934
am Grab ihrer Vorfahren.

Der Grabstein der verunglück-
ten Rettungsmänner, noch
heute von der Gemeinde Nørre
Vorupør unterhalten.

Anmerkungen

1.) Die Dänen sind ein flaggenfreudiges Volk, die den Dannebrog eine rote Fahne mit weissem Kreuz, bei jeder Gelegenheit zeigen. Es soll die älteste Fahne Europas sein, angeblich auf einer Schlacht im Baltikum, die dann von den Dänen gewonnen wurde, vom Himmel. gefallen.

2.) Der Seebereich von Nørre Vorupør ist von Hörnum-Sylt etwa 240 km entfernt. Es ist erstaunlich, dass die beiden Verunglückten noch so nahe beieinander trieben. Als nämlich am 9. Dezember 1863 auf Hörnum Sand die Rostocker Brigg „Horus" strandete und neun Amrumer bei einem Bergungsversuch in unmittelbarer Nähe des Norddorfer Strandes ihr Leben verloren, trieb kein einziger der Toten an. Erst am 28. Mai 1865, anderthalb Jahre später, fand ein Amrumer Strandgänger und Möwenciersammler die Leiche des Peter John am Hörnumer Strand, wollte sich aber keine Ungelegenheiten machen und verschwieg seinen Fund, sodass die Leiche auf dem Heimatlosenfriedhof von Westerland namenlos begraben wurde.

Strandungsfall auf Strandungsfall

Dampfer „Appleton"

Mit dem Unglück der „Theodor Preußer" war die Insel Amrum aber nicht von funktionsfähigen Rettungsstationen entblößt. Unverändert bestand im Kniephafen bei Baatjes-Stich die dortige Station mit Küchenofen und beheizbaren Raum mit dem Rettungsboot „Chemnitz."
Auf der Amrumer Südspitze Wittdün befand sich die ebenfalls feste Station Amrum Süd mit dem Rettungsboot „Elberfeld". Dieses Rettungsboot kam am 5. Februar 1891 zum Einsatz, als Mittags die Strandung eines Dampfers in Höhe des Leuchtturmes gemeldet wurde. Sofort wurde ein Fuhrwerk requiriert und die Rettungsmannschaft aus Nebel und Süddorf zur Südstation befördert. Dort wurde, versehen mit der nötigen Ausrüstung, das Rettungsboot zu Wasser gelassen, das gegen 2 Uhr die Station verließ. Es wehte eine leichte Brise und die See war ziemlich eisfrei, sodass das Segel gesetzt wurde. Als das Rettungsboot gegen 6 Uhr den gestrandeten Dampfer erreichte, wurde die angebotene Hilfe jedoch abgelehnt, weil der Kapitän hoffte, mit eigener Kraft wieder freizukommen, was auch gelang. „Bei völliger Dunkelheit und Nebel traten wir die Rückfahrt an, kamen aber, nachdem die Besatzung die ganze Nacht hindurch gerudert hatte, erst um 7 Uhr morgens zur Station. Der gestrandete Dampfer war die englische „Appleton", mit Kohlen von Schottland nach Bremerhaven bestimmt."

„Fiducia Dei" - gestrandet auf Jungnamensand

Nach der Unglücksfahrt am 30. Oktober 1890 lag das Rettungsboot der Station Nord, „Theodor Preußer" zunächst am Hörnumer Strand, wurde mit Hilfe des Rantumer Strandvogtes Thiesen aber wieder flottgemacht und wegen der Schäden zu einem Bootsbauer der DGzRS überführt. Die Reparatur erfolgte im Laufe des Winters und im Frühjahr konnte das Rettungsboot wieder auf seine Station abgehen (Jahrbuch 1890/91 der DGzRS) Schon im gleichen Jahre konnte sich das Rettungsboot mit einem weiteren Einsatz bewähren. Am 17. Oktober morgens um 7 Uhr brachte ein Bote vom Leuchtturm die Nachricht, dass auf Jungnamensand ein Schiff gestrandet sei. Sofort wurde die Rettungsmannschaft zur Station Nord beordert und die „Theodor Preußer" zu Wasser gelassen. Der Havarist war im Norden der Sandbank gestrandet und saß in gefährlicher Brandung. Um 8 Uhr verließ das Rettungsboot die Station, konnte wegen des schweren Sturmes aus Südwest und wegen der Flutströmung aber nur langsam vorankommen. Unter beständigem Kreuzen nahm das Rettungsboot auch viel Wasser über, sodass es unmöglich wurde, das Schiff während der Flutzeit zu erreichen. Dasselbe war bereits um 4 Uhr früh gestrandet und hatte heftig aufgesetzt. Der Kapitän versuchte das Beiboot auszusetzen, um mit demselben die Besatzung zu retten. Doch wurde das Boot sofort von der Brandung fortgerissen. Gegen 11 Uhr wurde das Schiff wieder flott und vom Westwind nach Amrum geworfen, wo es um 12 1/2 Uhr an der Nordspitze vom Kniepsand erneut strandete. Trotz heftiger Böen gelang es uns bei Verlust von Anker und Kette an das Schiff heranzukommen und die aus sechs Personen bestehende Besatzung zu übernehmen. Auch die Rückfahrt ging glücklich vonstatten und um 2 1/2 Uhr landete das Rettungsboot im Kniephafen, wo ein Wagen bereit stand, um die Schiffbrüchigen ins Dorf zu befördern. Das gestrandete Schiff war der deutsche Fischkutter „Fiducia Dei", Kapitän Zumwinkel.

„Albama" und „Briar"

„Am 22. September 1893 abends meldete Gustav Nahmens, dass sich ein Schiff in Gefahr befände. Von den Dünen aus bemerkten wir eine Bark vor Anker, die aber keine Notsignale zeigte. Deshalb wurde die Mannschaft der Station Nord erst für den folgenden Morgen zur Station beordert. Nachts um 1 Uhr kam jedoch Bescheid vom Vorstand Julius Schmidt, dass das Schiff Notsignale gab.

Deshalb eilte die Mannschaft wieder zur Station und ging um 4 1/2 Uhr mit dem Rettungsboot in See. Der Sturm war am Abflauen, aber die See ging noch hoch. Wir arbeiteten mittels Rudern und Segeln bis ‚Jungna-mensand‘, sahen aber nichts von dem Schiff und nahmen an, dass dieses gesunken war, weil Schiffstrümmer herumtrieben. Zurück auf die Station sahen wir dann, dass zwei Schleppdampfer das Schiff am Haken hatten und südwärts dampften. Es handelte sich um die amerikanische Bark „Alba-ma“, von Mexico nach Bremerhaven bestimmt. Es hatte Segel und Ruder verloren.“

Rettung durch die Seesand-Bake

Am 2 .März 1893 scheiterte die amerikanische Brigg „Golden Fleese“ im Vortrapptief. Die Mannschaft rettete sich auf die Seesand-Bake, wo ein Mann an seinen Verletzungen starb. Vermutlich sind die anderen von Amrumer Schiffen (Tonnenleger Ricklefs?) geborgen. Am 11. Juli 1893 wurde im Rütergat in der Brandung ein Dampfer gemeldet, der sich offen-bar in großer Gefahr befand. Das Rettungsboot der Station Süd fuhr hinaus und erreichte gegen 5 Uhr das festgeratene Schiff. Der Kapitän lehnte aber die angebotene Hilfe ab, weil er hoffte mit dem Hochwasser wieder flott zu werden, was gegen 7 1/2 Uhr auch geschah. Der englische Dampfer hieß „Briar“ und war mit Heringen von Dundee nach Hamburg bestimmt.

Amrum war in den 1880/90er Jahren eine Insel großer Armut. Die früher bedeutende Seefahrt hatte durch die Veränderungen der europäischen Seemächte, insbesondere auch die strengeren preußischen Verordnungen der Seefahrerlaufbahn und der Schließung hiesiger Navigationsschulen ihren Rang verloren. Die langdauernde Militärpflicht in Preußen bzw. im Deutschen Reich führte zu einer weiteren Erwerbsminderung der Insu-laner. Bis 1864 zum Königreich Dänemark gehörend, waren sie seit 1735 durch Erlaß des Königs Christian VI. „für ewige Zeiten vom Kriegsdienst zu Lande befreit“ und mussten nur in Kriegszeiten auf der dänischen Flotte eine bestimmte Anzahl von Matrosen stellen, die sie aber selbst auswählen konnten. Diese Selbstauswahl war aber wohl so kompliziert, dass von Amrum nie jemand zu Soldatendiensten verpflichtet wurde. Die Armut jener Zeit war eine der Hauptursachen für die umfangreiche Auswanderung vor allem von jungen Insulanern nach Amerika. Es gab nur wenige, vom Staat bezahlte Ämter und es fehlte auch der „goldene Boden" des Handwerkes. Die meisten Insulaner waren ihre eigenen Bäcker, Maurer, Dachdecker, Zimmermann und aus einem Bericht des DGzRS-Inspektors Pfeifer geht hervor, dass sich die Leute mit „verschiedenen .Arbeiten als Jagd, Fischfang .und Strandgang beschäftigen und das Jahreseinkommen etwa 600 Mark beträgt". Eine Ausnahme in dieser Zeit der kargen und unregelmäßigen Einkommen bildeten allerdings Bergelöhne auf geborgene Schiffsgüter oder wieder flottgemachte, gestrandete Schiffe. Diese betrugen je nach Arbeitsaufwand bis zu einem Drittel der geretteten Schiffsgüter und Schiffswerte und versprachen ganz ungewöhnliche hohe Summen. Die Aufregung bei einem Strandungsfall und die Erwartungen waren entsprechend groß und jeder versuchte ungeachtet der Lebensgefahr an Bergelöhnen teilzuhaben.

Die norwegische Bark „Roma"

Vor diesem Hintergrund ereignete sich am 15. Februar 1894 der folgende Fall. Im Morgengrauen des genannten Tages meldete der Leuchtturmwärter Krückenberg die offenbare Havarie eines Schiffes weit draußen südwestlich von Amrum. Die Meldung ging aber nicht nur an die Station Süd, Vormann Carl Philipp Meyer, sondern bemerkenswerter Weise auch an den Tonnenleger Gerret Ricklefs, der, wie schon erwähnt, es darauf angelegt hatte, der DGzRS die Rettung von Schiffbrüchigen wegzuschnappen und offenbar diesbezügliche Vereinbarungen mit den Leuchtturmwärtern hatte, die keineswegs verpflichtet waren, neben den DGzRS. Stationen auch andere Schiffer zu benachrichtigen. Während der Vormann der Station Süd in Nebel und Süddorf noch dabei war, die Rettungsmannschaft und das Pferdefuhrwerk für die Beförderung nach Wittdün zu alarmieren, hatte der Tonnenleger schnell 16 Männer zur Stelle und ging mit dem Tonnenlegerschiff „Anna" in See.

Inzwischen hatte aber auch der Wittdüner Strandvogt Volkert Martin Quedens Kunde von der Schiffshavarie draußen vor Amrum erhalten.

Er hatte sich über Amrum hinaus einen Namen als Berger gestrandeter Schiffe gemacht und dabei hohe Bergelöhne kassiert. Deshalb wurde er von seinen Landsleuten beneidet, aber er stand auch in den Ruf, robust seine Ellenbogen zu gebrauchen und auf seinen Vorteil zu sehen. Volkert Martin Quedens lief deshalb zum Hafenpriel und winkte und rief dem Tonnenleger zu, ihn mitzunehmen. Aber die Herrn an Bord bei Ricklefs hatten natürlich ihren ungeteilten Bergelohn vor Augen und dachten nicht daran, mit dem Wittdüner Strandvogt zu teilen. Sie segelten deshalb ungerührt weiter. Aber Volkert Martin Quedens ließ sich nicht abschütteln. Er eilte zur nahen Rettungsstation Süd, wo das Rettungsboot aktiviert wurde und segelte, begleitet von einigen weiteren Männern, hinaus zu dem havarierten Schiff.

Es handelte sich um die norwegische Bark „Roma", die ohne Besatzung auf ihrer Holzladung trieb. Die elf Männer, die der Tonnenleger Ricklefs mitgenommen hatte, befanden sich schon einige Zeit an Bord und arbeiteten fieberhaft daran, die Bark wieder unter Segel zu bringen, um dieselbe in Erwartung eines hohen Bergelohnes nach Cuxhaven oder Hamburg zu bringen.

Die norwegische Bark „Roma", ohne Besatzung vor Amrum treibend und von konkurrierenden Amrumer Mannschaften geborgen und nach Hamburg gebracht.

Die Männer der Ricklefs Mannschaft protestierten, aber Volkert Martin Quedens und die Männer des Rettungsbootes enterten an Bord und hier forderte der Vorgenannte in seiner Eigenschaft als Strandvogt das Kommando an Bord, das er mit Hilfe seines Sohnes Carl und mit Gewalt auch durchsetzte. Dann tauchte noch der Austernvorfischer Roluf Peters mit seinem Boot und fünf Männern auf, sodass es an Leuten an den Pumpen der lecken Bark und an der Bedienung der Segel nicht fehlte. Mit dieser eigenartigen, sich gegenseitig belauernden und eine Schmälerung des Bergelohnes befürchtende Mannschaft segelte die „Roma" nach Cuxhaven und ließ sich von hier; mit einem Schlepper nach Hamburg bzw. Altona schleppen. Unterwegs tauchten dann noch Schleppdampfer auf, alarmiert von ihrem Amrumer Agenten Nickels Johann Schmidt.

Aber die Amrumer gaben sich mit ihrer friesischen Sprache als die norwegische Besatzung aus und erreichten unbehelligt ihr Ziel. Hier aber eilte Volkert Martin Quedens zu dem ihm durch vorherige Bergungsfälle offenbar bekannten Beamten des Königlichen Strandamtes in Altona und meldete die Bergung der „Roma" an. Als dann die eigentlichen Berger, die Mannschaft des Tonnenlegers Ricklefs erschien, bekamen sie zu hören, „dass hier schon angemeldet sei und Volkert Quedens König an Bord sei." Dieser aber hatte seine Kompetenz überschritten, denn die norwegische Bark hatte sich außerhalb der Dreimeilenzone befunden und hier hatte der Amrumer Strandvogt nichts mehr zu sagen. Es entwickelte sich dann eine lange Auseinandersetzung mit dem Resultat, dass vom Bergelohn der Tonnenleger Ricklefs mit 16 Mann 6.280 Mark, das Amrumer Rettungsboot mit Volkert Martin Quedens mit 10 Mann 1.720 Mark und Roluf Peters mit 5 Mann 1.000 Mark erhielten!

Ewer „Marie" - Rettung mit dem Cordschen Gewehr

Am 7. Dezember 1895 nachmittags meldete ein Bote, dass bei schwerem Nordwest Sturm an der Südspitze von Wittdün ein Schiff gestrandet sei. Die sofort zusammengerufene Rettungsmannschaft der Station Süd erreichte diese aber erst in stockfinsterer Nacht. Heftige Schnee und Hagelböen machten es unmöglich, mit dem Rettungsboot hinaus zu fahren. Doch der Strandvogt Volkert Quedens machte den (erstmaligen) Versuch, mittels des Cordschen Gewehres eine Verbindung zu dem Schiff herzustellen, was auch glücklich gelang. Durch ein an Bord geholtes dickes Tau wurde nun ein Mann an Land gezogen. Nach Eintritt der Ebbe konnten sich auch die beiden noch an Bord befindlichen Leute an Land retten.

Das gestrandete Schiff war der deutsche Ewer „Maria", Schiffer Meyer, in Ballast von Föhr nach der Elbe bestimmt.

Das Cordsche Gewehr konnte wegen seiner geringen Reichweite nur in unmittelbarer Strandnähe zum Einsatz kommen. Es hat in der Folgezeit auf Amrum keine Rolle gespielt.

Die „Industrie" – ein Wrack ohne Besatzung

Am 29. Dezember 1895 wurde die Strandung eines Schiffes an der Amrumer Nordspitze gemeldet. Es herrschte starker Sturm mit Hagelböen. Das Rettungsboot der Station Kniephafen (Baatjes-Stich) fuhr sofort hinaus, aber von der Besatzung fehlte jede Spur. Es trieb aber eine Leiche an, vermutlich die des Kapitäns. Das entmastete Schiff war die deutsche Galeasse „Industrie", Kapitän Toben, mit Mehl von Stettin nach London bestimmt. Der Mannschaftsraum war fortgespült, die Reling demoliert und die Luken eingeschlagen In der Kajüte sah es entsetzlich aus. Die aufgefundenen Schiffspapiere schilderten die schrecklichen Leiden der vierköpfigen Besatzung. Danach befand sich das Schiff seit dem 22. Dezember in ständigem Kampf mit den Elementen. Durch fortwährendes Manövrieren mit gerefften Segeln versuchte man sich vom Lande frei zu halten, während ununterbrochen an den Pumpen des leck gewordenen Schiffes gearbeitet werden musste, bis die Mannschaft völlig ermattete. Aus den Schiffspapieren ging ferner hervor, dass der Mannschaftsraum bereits am 26. Dezember über Bord geschlagen war und die durchnässten Leute seitdem nichts Warmes mehr gegessen hatten. Eine letzte Notiz vom 28. Dezember meldet dann eine Position auf 54° 22' Nord und 8° Ost nahe Helgoland. In der folgenden Nacht ist dann die Katastrophe, welche die Unglücklichen sechs Tage vor Augen hatten, eingetreten und die Entkräfteten wurden durch die Brandung von Bord gerissen. Die Rettungsmannschaft

Das Wrack der „Industrie", ohne Besatzung bei Amrum gestrandet. Die Besatzung hatte unter schrecklichen Umständen ihr Leben verloren.

musste auf dieser leider erfolglosen Einsatzfahrt schwere Arbeit leisten. Weil es bei dem Sturm nicht möglich war, die Station wieder zu erreichen, wurde im Osten der Insel Schutz gesucht. Erst am nächsten Morgen konnte das Rettungsboot wieder auf die Station gebracht werden.

Lustkutter „Homer" und „Schwalbe"

Unter den zahlreichen Strandungsfällen bei Amrum wurden vereinzelt auch einheimische Schiffe verzeichnet. Am 29. August 1896 geriet der Lustkutter „Homer" - so nannte man damals Privatsegler und Ausflugsschiffe - des Amrumer Schiffers Fink in Brand und brannte bis auf den Kiel nieder. Der Schiffer konnte sich mit dem Beiboot nach Föhr retten. Das eingesetzte Rettungsboot „Elberfeld" der Station Süd musste niemanden retten.

Am 10. September 1896 wurde von Badegästen die Mitteilung gemacht, dass der Lustkutter „Schwalbe" mit 8 - 9 Personen an Bord nicht zurückgekehrt sei. Die ganze Nacht hindurch war das Rettungsboot der Station Süd in Tätigkeit, ohne das vermisste Boot zu finden. Dieses war aber mit der Flut gegen 3 1/2 Uhr morgens wohlbehalten nach Wittdün eingelaufen.

AGWA-Dampfer „Stettin"

Am 4. Juli 1897 wurde durch den Fernsprecher im Leuchtturm gemeldet, dass der Dampfer „Stettin", Kapitän Braren, der die tägliche Verbindung zwischen Husum und Amrum unterhält, auf Knudshörn gestrandet sei. Es stürmte heftig aus Nordwest, das Schiff zeigte jedoch keine Notsignale, da der Kapitän hoffte, mit dem nächsten Hochwasser wieder flott zu werden. Dies traf jedoch nicht ein, und bei zunehmendem Sturm wurden gegen 4 Uhr nachmittags Notsignale gezeigt. Das Rettungsboot „Elberfeld" der Südstation wurde nun schleunigst zu Wasser gebracht und segelte mit gerefften Segeln zu dem gestrandeten Dampfer.

Trotz hoher Brandung gelang es dem Rettungsboot, den Dampfer zu erreichen. Doch blieben Besatzung und vier Passagiere zunächst an Bord. Als aber nach Ausbringung eines Warpankers am nächsten Morgen der Dampfer nicht flott wurde, übernahm das Rettungsboot die vier Passagiere und trat die Rückfahrt an. Mit Hilfe des Postdampfers „Nordfriesland", der das Rettungsboot in Schlepp nahm, wurde um 8 Uhr morgens die Station bzw. Wittdün erreicht. Der Dampfer „Stettin" wurde später wieder flott.

Die „Therese" von Amrum

Am 10. Oktober 1897 sank in der Nacht bei Heverknob das Amrumer Schiff „Therese", das dem hiesigen Kapitän Volkert Martin Quedens gehörte, geführt vom Schiffer Gerhard Martens. Die Mannschaft rettete sich aus eigener Kraft. Das Rettungsboot der Station Süd war nicht in Tätigkeit.

Dampfer „Riga" - Totalverlust

Am 18. November 1897 wurde vom Leuchtturm gemeldet, dass man in südlicher Richtung Blaufeuer und Raketen gesehen habe. Sofort wurde die Mannschaft der Station Amrum-Süd alarmiert und per Wagen zur

Station gebracht. Es wehte eine frische Brise aus NW, und es war sehr dunkel. Als das Rettungsboot abends gegen 11 1/2 Uhr zur Abfahrt bereit war, kam die Nachricht, dass die aus 13 Personen bestehende Besatzung des auf Engelssand gestrandeten Schiffes am südlichen Strand unserer Insel mit eigenen Beibooten gelandet sei, worauf das Rettungsboot in den Schuppen zurückgebracht wurde. Das gestrandete Schiff war der deutsche Dampfer „Riga", Kapitän Mascow, mit Kohlen von Sunderland(England) nach Stolpmünde bestimmt. Der Dampfer ist voll Wasser gelaufen und total verloren.

Dänischer Fischkutter „Sösvalen"

„Am 27. April 1898 um 6 Uhr früh traf die Meldung ein, dass in der Außenbrandung von Jungnamensand ein Fischkutter gestrandet sei. Sofort wurde die Rettungsmannschaft zur Station Nord beordert, wo das Rettungsboot ‚"Theodor Preußer" zu Wasser gebracht wurde und um 8 Uhr bei dem gestrandeten Schiff anlangte. Der Kapitän befürchtete, dass das Schiff mit der nächsten Flut leck stoßen, und er bei dem herrschenden OSO-Sturm mit dem Beiboot nicht die Insel Amrum erreichen könne. Nach Auslegung des Ankers und nachdem der Ballast über Board geworfen war, wurde das Schiff nachmittags um 4 Uhr flott und konnte seine Reise fortsetzen. Es war der dänische Fischkutter E 71 „Sösvalen", Kapitän Andersen, mit fünf Mann Besatzung."

Englischer Schoner „Sarah"

Am 24. Oktober nachmittags zwei Uhr wurde per Telephon von Wittdün gemeldet, dass das Inspektionsschiff „Paula" zwei auf Schiffstrümmern treibende Personen aufgenommen hatte, aber sich noch zwei weitere Leute im Mast eines gestrandeten Schiffes befinden. Die Südstation wurde alarmiert, wo das Rettungsboot „Elberfeld" um drei Uhr in See ging. Es herrschte nur eine leichte Brise aus Westsüdwest, aber es war dick von Nebel, sodass vom gestrandeten Schiff nichts zu sehen war. Um 5 1/2 Uhr wurde es für kurze Zeit heller, und wir erblickten jetzt das gestrandete Schiff in der Rütergat-Brandung. Wir ruderten mit allen Kräften, und erreichten das Rütergat gegen 7 1/2 Uhr abends aber es war inzwischen wieder stark nebelig geworden und wir konnten das Schiff nicht finden. Nebel, Dunkelheit, Gegenwind und Flutströmung zwangen uns, zur Station zurückzukehren, wo wir aber blieben. Um ein Uhr nachts gingen wir erneut hinaus, und segelten mit der Ebbe bis Japsand, wo wir um 3 1/2 Uhr eintrafen und bis um 8 Uhr liegen blieben. Es wurde nun wieder sichtige Luft. Wir sahen das Schiff mit der Notflagge, kreuzten unter vollen Segeln hinaus und erreichten es gegen Mittag. Die beiden Schiffbrüchigen waren aber kurz vorher vom Tonnenleger Ricklefs gerettet worden und wir kehrten zur Station zurück. Das gestrandete und total verlorene Schiff war der englische Schoner „Sarah", Kapitän Roulands, mit Schiefer von Port Madoc nach Harburg bestimmt.

Holländische Tjalk „Honegina"

„Am 4. Dezember 1898 meldete der Arbeiter Philipp Peters, dass auf Hörnumsand ein Schiff gestrandet sei. Wir begaben uns nach der Station Nord und sahen das Licht des Schiffes, das in der Brandung festsaß. Wegen der Ebbe mussten wir aber noch einige Zeit warten ehe das Rettungsboot „Theodor Preußer" zu Wasser gebracht werden konnte. Als wir dem Schiffe näher kamen, wurde festgestellt, dass es am Südstrand von Hörnum gestrandet war. Es war jedoch unmöglich, mit dem Rettungsboot an das Schiff heran zu kommen, weshalb wir am Oststrand von Hörnum landeten, um zu Fuß zur Strandungsstelle zu gelangen. Die Schiffbrüchigen riefen um Hilfe, da das Schiff fortwährend von der Brandung überspült wurde. Nach vielen Versuchen gelang es dann, eine über Bord geworfene Leine mittels Bootshaken zu erfassen und eine mitgebrachte stärkere Trosse herüberzuziehen. Es war jedoch zu gefährlich, die Schiffbrüchigen durch die Brandung an Land zu ziehen, weshalb wir ihnen bedeuteten, unter Deck zu bleiben und auf die Ebbe zu warten. Bei Tagesanbruch gelang es dann, die aus sieben Personen bestehende Besatzung, darunter eine Frau und zwei Kinder, glücklich an Land zu holen und bis zur Ankunft eines

Wagens von Rantum in der Bake unterzubringen, wo sie sich erwärmen und etwas kochen konnten. Nach 26stündigem Einsatz trafen wir nass und erschöpft wieder auf der Station Nord ein."

Das Schiff war die holländische Tjalk „Honegina", Kapitän Mulder, mit Steinkohlen von Schottland nach Emden bestimmt. Rantum war unverändert das südlichste Dorf auf Sylt. Deshalb wurde 1871 auf Hörnum Odde eine Bake mit Unterkunft zwecks Erstversorgung von Schiffbrüchigen gebaut. Erst ab 1901 erfolgte die Besiedlung der Sylter Südspitze mit HAPAG-Häusern und Leuchtturm.

Amrumer Fischkutter „Hilda"

„Am 8. Dezember 1898 gegen Mittag traf von Wittdün die Meldung ein, dass sich in der Schmaltiefe der Amrumer Fischkutter „Hilda", Schiffer Lorenzen, bei Nordweststurm losgerissen hätte und nun in großer Gefahr sei. Sofort ging die Rettungsmannschaft zur Station Süd ab, wo das Rettungsboot „Elberfeld" schleunigst zu Wasser gelassen und unter gerefften Segeln um 3 Uhr das gefährdete Schiff erreichte. Da es jeden Augenblick zu stranden drohte, gingen fünf Mann des Rettungsbootes mit zwei Leuten des Fischkutters an Bord, um dasselbe unter Segel zu bringen, was auch mit großer Mühe gelang. Inzwischen wurde eine Schlepptrosse befestigt und das Rettungsboot kreuzte mit dem Kutter nach Amrum zurück, wobei bei einer hohen See viel Wasser überkam. Da es noch fortwährend stürmte und der Kutter kein Boot mehr hatte, blieb die Rettungsmannschaft an Bord und kehrte erst am anderen Morgen auf die Station zurück.

Vergeblich war ein Einsatz am 17. August 1899. Vom Leuchtturm wurde gemeldet, dass sich im Vortrapptief ein Schiff in Gefahr befände, aber die starke Flutströmung und ein schwerer Nordwest-Sturm machten den sofortigen Einsatz des Rettungsbootes der Station nicht möglich. Die Mannschaft blieb während der Nacht aber in der Station, um gleich im Morgengrauen auszulaufen. Der Leuchtturmwärter spähte während der Nacht aber vergeblich nach Notsignalen und bei Tagesanbruch war von dem Schiff nichts mehr zu sehen - fraglich, ob es in der Nacht von der

Brandung zerschlagen oder ob es die freie See wieder erreicht hatte. Die Besatzung wurde deshalb um 8 Uhr morgens wieder nach Nebel gebracht.

Österreichischer Schoner „Istro"

Am 22. September 1898 abends 9 Uhr wurde vom Leuchtturm gemeldet, dass in südwestlicher Richtung ein Schiff Notsignale zeige, indem es Flackerfeuer gab. Es wehte ein schwerer Sturm aus Nordwest mit orkanartigen Böen und machte einen Rettungseinsatz ganz unmöglich. Am nächsten Morgen um 4 Uhr überbrachte der Zimmermann Matzen die Nachricht, dass er ein Schiff gesehen habe, sodass sofort die Rettungsmannschaft der Station Süd zusammengerufen wurde. Um 7 Uhr morgens verließ das Rettungsboot „Elberfeld" mit gerefften Segel die Station und kreuzte bei westlichem Sturm gegen eine hohe See, wobei fortwährend Wasser übernommen werden musste. Zunächst schien es, dass das Ziel nicht zu erreichen wäre.

Erst durch den Ebbstrom gelang es, vorwärts zu kommen und das auf Kapitänsknob gestrandete Schiff gegen 10 Uhr zu erreichen. Die über das Schiff brechenden Seen und der gefallene Großmast an der Leeseite erschwerten das Herankommen, ehe es gelang, eine Verbindung herzustellen. Das Schiff war voll Wasser, hatte den Großmast, Vor- und Besanstenge sowie alle Boote verloren. Logis, Ruder und Verschanzung waren zerschlagen, die Mannschaft gänzlich erschöpft. Nachdem die aus neun Mann bestehende Besatzung glücklich übernommen war, konnte die Rückreise angetreten werden. Gegen 11 Uhr erreichten wir die Station. Die Schiffbrüchigen wurden in einem Logierhaus in Wittdün (das 1889 erbaute Hotel „Wittdün" des Gründers Volkert Martin Quedens) untergebracht, mit trockenen Kleidern versehen und aufs beste verpflegt. Das gestrandete Schiff musste als total verloren betrachtet werden. Es war der österreichische Dreimastschoner „Istro", Kapitän Kreglich, mit Stückgut von Hamburg nach Rio de Janeiro bestimmt."

In der Familienchronik von Carl Quedens wird zusätzlich berichtet, dass die Ladung mit 400.000 Mark versichert war, das Schiff am Tage nach der Strandung auseinanderbrach und der ganze Kniepsand mit den Gütern

Als Österreich noch eine Handelsflotte mit dem Hafen Istrien hatte, strandete der Schoner „Istro" und ging verloren. Tonflaschen aus der Genever-Ladung trieben noch Jahre später vereinzelt auf Amrum an und ließen sich anfangs auch noch genießen

übersät war. Volkert Martin Quedens machte mit der Versicherung einen Bergungsvertrag, um alles zu bergen, was noch zu bergen war. Mit dem Amrumer Tonnenlegerschiff „Anna" und der „Gesine" sowie mit acht Amrumer Leuten wurden Masten, Rahen, Segel und Stückgüter geborgen, aber fünf Tage nach der Strandung sprang das Deck aus dem Schiffsrumpf und viele der Stückgüter trieben weg. Einige Tage darauf brachen die Bordwände ab und das Schiff war verschwunden. Es waren für 14.000 Mark Stückgüter geborgen, die im Januar versteigert wurden. An Bergelohn wurden 60 Prozent des Auktionserlöses ausgehändigt.

Noch einmal „Hilda"

Mit dem Rettungsboot der Station Süd und mit dem Cordschen Gewehr fand am 22. Dezember 1899 ein Einsatz statt. Der Amrumer Fischkutter „Hilda" Kapitän Lorenzen, zeigte Notsignale, aber bevor das Rettungsboot den Kutter erreichte, war es dem Postdampfer „Nordfriesland" trotz des Eisganges gelungen, zum Kutter zu gelangen und ihn abzuschleppen. Es wurde angenommen, dass der Postdampfer auch die aus sieben Leuten bestehende Besatzung an Bord genommen hatte. Aber später wurde telefoniert, dass der Kutter bei Wittdün erneut auf Grund geraten sei und im Eis festsitzen, sodass die Rettungsmannschaft erneut zum Einsatz gerufen wurde.

Wegen des Eises konnte das Rettungsboot nicht zum Einsatz kommen, aber es gelang mit dem Cordschen Gewehr eine Schießleine zum Kutter zu befördern und diesen mit einer dicken Stahltrosse beim nächsten Hochwasser an die Landungsbrücke von Wittdün heranzuholen.“

„Kong Trygve“ strandete auf Süderoog-Sand

Die Rettungsstationen auf Amrum wirkten weit über Amrum hinaus bis zu Nachbarinseln und -halligen, zumal dort auch keine Stationen mit Rettungsmittel vorhanden waren, weder auf der langen Sylter Südspitz Hörnum (die nächste Station mit Raketenapparat war Rantum), noch auf Föhr, Pellworm oder den Halligen Hooge und Langeneß. Für den letzteren Bereich war des öfteren die Station Amrum Süd auf Wittdün in Aktion bis hinunter zu den großen Außensänden Japsand, Norderoog- und Süderoog-Sand. Auf Süderoog-Sand war im Jahre 1891 eine neue Bake mit Rettungsraum für Schiffbrüchige errichtet worden, ähnlich der Bake auf dem Seesand südlich von Amrum, nachdem vorherige Baken den Fluten zum Opfer gefallen waren. Auch auf Süderoog-Sand strandeten etliche Schiffe. Eines dieser Schiffe hieß „Kong Trygve“, ein norwegischer Dampfer, der am 22. November 1900 strandete, unterwegs von Christiania (heute Oslo) nach Hamburg. Ein Beiboot mit drei Mann der Besatzung landete auf Amrum, um telegraphisch einen Schlepper anzufordern. Der Dampfer war noch dicht und es bestand keine Gefahr für die Mannschaft, sodass die Amrumer Rettungsstation nicht alarmiert wurde.

Aber wieder einmal schaltete sich der Tonnenleger Ricklefs ein, der dann 15 Personen, darunter 4 Frauen, nach Wittdün beförderte. Der Kapitän Dahl, sowie zwei Maschinisten blieben an Bord, ebenso der Wittdüner Strandvogt Volkert Martin Quedens, der mit dem Kapitän über eine mögliche Bergung verhandelte. Auch Ricklefs war wieder mit einigen Männern zur Stelle und gemeinsam brachten die Amrumer Anker aus und bewegten, als in den nächsten Tagen der Wind gedreht war und die Flut

Gerret Conrad Ricklefs (1852-1943) und 37b: Mit dem Tonnenleger „Anna" rettete der Amrumer Gerret Ricklefs immer wieder Schiffbrüchige und machte damit den Rettungsstationen der DGzRS Konkurrenz

höher auflief, den Dampfer schrittweise in Richtung tieferes Wasser. Aber auch die alarmierte Nordische Bergungsgesellschaft bzw. deren Direktor Hein kam an Bord und behauptete, dass die Amrumer mit ihren unzureichenden Mitteln niemals den großen Dampfer flott machen könnten. Es wurde dann eine gemeinsame Bergung vereinbart, die auch gelang. Aber der Vertreter der DGzRS, Postdirektor Picker, meldete sich bei dem Vorsteher des Amrumer Ortsausschusses, Julius Schmidt, und fragte ärgerlich, „warum nicht das Rettungsboot, sondern Ricklefs die 15 Leute von Bord geholt habe? Denn auch eine vergebliche Rettungsfahrt wäre bezahlt worden! Statt dessen läßt man Ricklefs hinausfahren, um die Rettung zu besorgen! Erbitte Erklärung!" Julius Schmidt antwortete, dass der Seenotfall nicht nach Amrum gemeldet war und hier zufällig in Erfahrung gebracht wurde. Aber weil es keine Hinweise auf die Gefährdung der Besatzung gab, war es nicht angezeigt, das Rettungsboot hinaus zu beordern.

Spanischer Dampfer „Basturia"

Um 1900 veränderte sich allmählich das Geschehen der Strandungsfälle im Seebereich von Amrum. Wohl bildet dieser mit seinen Untiefen und Sandbänken für die Schifffahrt unverändert eine große Gefahr aber die gegen Wind und Wetter oft hilflosen Segelschiffe wurden zunehmend durch Dampfer verdrängt, die sich mit ihrer Maschinenkraft eher vor einem Strandungsfall schützen oder nach einer Strandung mit eigener Kraft wieder flottmachen konnten.

Trotzdem wurden unverändert Strandungsfälle von Amrum gemeldet, wenn auch weniger. Neben Segelschiffen strandeten auch Dampfer, so am 22. Januar 1901 morgens um 7 1/2 Uhr auf dem Norderkniep. Die Station Nord mit dem Rettungsboot „Theodor Preußer" war aber durch Packeis am Strande blockiert, sodass die·Rettungsmannschaft von Norddorf durch die Dünen zur Station Kniephafen! Baatjes-Stich eilen musste, wo es gelang, das Rettungsboot „Chemnitz" durch das Eis ins freie Wasser zu bringen. Nach knapp dreistündigem Rudern gegen Wind und Strom langte man bei dem gestrandeten Dampfer an, dessen Mannschaft das noch unversehrte Schiff aber nicht verlassen wollte, sodass wir zur Station zurückkehrten.

Der gestrandete spanische Dampfer hieß „Basturia", Kapitän Arian de Argo, in Ballast von Hamburg nach Cardiff (Wales) bestimmt. In der Familienchronik von Carl Quedens wird auch über diese Strandung umfangreich berichtet, die wie alle anderen Strandungsfälle jener Zeit, natürlich sofort seinen Vater, den Strandvogt und Schiffsberger Volkert Martin Quedens alarmierten. Carl Quedens berichtet: „Nach Bekanntwerden des Strandungsfalles fuhren wir mit unserem Pferdefuhrwerk sofort zum Norddorfer Strand, wo der große Dampfer bei Ebbe hoch auf der Sandbank lag und nicht leicht zu bergen war. Da wir nicht an Bord kommen konnten, fuhren wir nach Wittdün zurück. An der Brücke von Steenodde lag ein kleiner Schleppdampfer einer Kieler Firma. Mein Vater telegrafierte nach Kiel und bat um die Erlaubnis, den Schlepper für die geplante Bergungsaktion benutzen zu dürfen, wozu er auch die Genehmigung erhielt. Während des Hochwassers am Nachmittag gingen wir längsseits und gelangten an Bord der „Basturia", wo mein Vater eine Vereinbarung über die Bergung des großen Dampfers erzielte. Inzwischen kam auch der Tonnenleger Gerhard Ricklefs (wie Volkert M. Quedens auf Bergelohn hoffend) mit zehn Leuten an Bord. Zwei lange Ankerketten wurden ausgebracht, aber infolge des auffrischenden Sturmes brachen beide Ketten in der Nacht. Am nächsten Tag reiste Volkert Martin Quedens mit dem Kapitän der „Basturia" nach Wyk um beim Konsul Lewi Heymann einen regelrechten Bergungsvertrag abzuschließen. Gleichzeitig tauchte auch der Inspektor Hein der Nordischen Bergungsgesellschaft auf und mischte sich in die Verhandlung ein, mit der Behauptung, dass mit den unzureichenden Hilfsmitteln der Amrumer der große Dampfer nicht zu bergen sei. Es wurde dann nach einigem Hin und Her vereinbart, dass beide, die Amrumer unter Führung von Volkert Martin Quedens und die Nordische Bergungsgesellschaft den Dampfer wieder flott machen sollten. In den nächsten vier Wochen wurde ein Kanal ausgebaggert und die „Basturia" schließlich flott. In Hamburg bekam der Dampfer dann einen neuen Boden und die Versicherung musste an die beteiligten Berger als Bergelohn die unvorstellbar hohe Summe von 126.000 Mark bezahlen. Nur ein Jahr später ist der spanische Dampfer mit „Mann und Maus" versunken. Der nördliche Zipfel des Kniepsandes blieb noch lange als „Spanjer Rag", als Spanischer Rücken, bekannt.

Russische Bark „Delta"

Im Jahre 1902 erhielt die Station Nord ein neues Rettungsboot namens „Emile Robin", genannt nach dem großzügigen französischen Förderer des Rettungswerkes. Es war für diesen eine besondere Freude, als „sein" Rettungsboot im selben Jahr eine erfolgreiche Rettungstat melden konnte, worüber das Jahrbuch der DGzRS wie folgt berichtet: „Am 28. August 1902 morgens 10 Uhr meldete der Leuchtturmwärter per Telefon, dass außerhalb von *Holtknob* eine Bark gestrandet sei und die Notflagge zeige. Sofort wurde die Rettungsmannschaft alarmiert und um 11 Uhr war die „Emile Robin" zur Abfahrt fertig. Mit Rudern konnten wir wegen des heftigen Sturmes aber nicht vorwärts kommen, sodass wir mit dem Ebbestrom unter gerefften Segeln zur Strandungsstelle kreuzten. Ein Herankommen an das Schiff war aber nur möglich, weil beständig Öl in das Wasser gegossen wurde, um die Wellen zu beruhigen. Das Vorderschiff wurde schon fortwährend überspült, aber am Achterschiff war es etwas ruhiger. Es gelang mittels vom Schiff zugeworfene Taue heranzukommen und unter großer Mühe und Gefahr die aus elf Mann bestehende Besatzung zu übernehmen, wobei wir ständig Öl ausgossen. Sobald wir durch die Brandung

1901 strandete auf dem Norder-Kniep der spanische Dampfer „Basturia" und wurde in einer aufwendigen Bergungsaktion wieder flott gemacht.

waren, konnten wir Segel setzen und nachmittags gegen 4 Uhr die Station erreichen, wo das Boot gelandet und die Schiffbrüchigen in Norddorf untergebracht wurden. Das Schiff war die russische Bark „Delta", Kapitän Behrsin, mit Asphalt von Trinidad nach Hamburg bestimmt.

Das neue Rettungsboot „Emile Robin" bewährte sich bei diesem Einsatz vortrefflich, sowohl als Segler wie auch als Ruderboot. Besonders in der hohen Brandung war es allen Anforderungen gewachsen und nahm nur wenig Wasser über. Der Bericht über die Rettung der Delta-Besatzung wurde unverzüglich an Emile Robin in Paris übermittelt worüber er seine lebhafte Freude bekundete und an die Rettungsmannschaft eine Prämie von 100 Mark überwies für die erste Rettungstat des Bootes, das seinen Namen trug

Das Ruderrettungsboot „Emile Robin" der Station Nord wird mittels eines Pferdegespannes (an den Zügeln der Landwirt Heinrich Schult) zu Wasser gebracht

Steuermann der „Elbe" drohte mit Revolver

Am 5. Dezember 1903 landeten 17 Mann mit einem Beiboot auf Wittdün. Es war die Besatzung des Hamburger Dampfers „Elbe", Kapitän Baul, mit Kohlen von Sunderland (England) nach Hamburg bestimmt. Der Dampfer war im Rütergat gestrandet. Der Zimmermann Conrad Matzen meldete per Telefon vom Leuchtturm, dass die Sturmpfeife des Dampfers zu hören sei. Das Rettungsboot der Station Süd wurde alarmiert und arbeitete sich gegen den Flutstrom hinaus. Nach einer halben Stunde wurden zwei Boote gesehen, die auf Wittdün zuhielten, mit der oben erwähnten Mannschaft der „Elbe" Sie wurden begleitet vom Strandvogt Quedens, der mit seinem Boot hinaus gesegelt war. Als sie uns passierten, wurde uns zugerufen, dass noch ein Mann an Bord des gestrandeten Dampfers geblieben sei. Wir kamen nach anstrengender Arbeit durch unruhige Brandung gegen 5 1/2 Uhr bei dem Dampfer an, aber der Mann sagte, dass er das Schiff nicht verlassen wolle und drohte, als wir näher kamen mit einem Revolver. Wir machten uns deshalb nach einer halben Stunde vergeblichen Wartens auf die Heimfahrt. Bei dem zurückgebliebenen Mann handelte es sich um den 2. Steuermann, der offenbar betrunken war. Tage später wurde er dann von einem anderen Boot an Land gebracht, während der Dampfer auseinanderbrach und mitsamt der Ladung verloren war. Carl Quedens berichtet dann in seiner Familienchronik weiter „Am nächsten Tag kamen einige Hamburger Seeschlepper und versuchten, den Dampfer wieder flott zu kriegen, ohne Erfolg. Es krachte und rumorte in dem durchbrechenden Schiff und bald war es total verloren.

Die Tragödie der norwegischen Bark „Ilma"

Eine besonders tragische Strandung, die zehn Seeleuten das Leben kostete, ereignete sich am 22./23. November 1903. Bei dem betroffenen Schiff handelte es sich um die norwegische Bark „Ilma", Kapitän Erik Andressen, mit Grubenhölzern nach Schottland bestimmt. Über diesen Vorfall berichtet das Jahrbuch der DGzRs 1904 wie folgt: „Am 22. November 1903 meldete der Leuchtturmwärter nachmittags vier Uhr, dass ein Schiff auf Kapitänsknob gestrandet sei. Die Rettungsmannschaft wurde sofort zur Station Süd befördert, aber wegen der inzwischen hereingebrochenen Dunkelheit und der schweren See konnte das Schiff nicht erreicht werden. Deshalb musste das Rettungsboot wieder umkehren und erreichte um 10 Uhr abends die Station. Die Mannschaft blieb aber die ganze Nacht dort und fuhr im Morgengrauen wieder hinaus. Der Sturm hatte sich etwas gelegt und das gestrandete Schiff wurde erreicht. Es war in der Nacht total wrack geworden

Die Bark „Ilma", vor Amrum gestrandet und mitsamt der Mannschaft total verloren gegangen.

und durchgebrochen. Von der Besatzung fand sich keine Spur. Nachdem heute bei Tagesanbruch mehrere Kleidersäcke antrieben, muss leider angenommen werden, dass die Besatzung den Tod in den Wellen gefunden hat. Bei Wittdün und am Nebeler Strand trieben bald drei Leichen an, aber die schlimmste Entdeckung machte der Sohn des Wittdüner Strandvogtes, Carl Quedens am 26. November.

Nachdem infolge des scharfen Ostwindes eine tiefe Ebbe eingetreten war, konnte man zum Wrack wandern. Auf einer Sandbank zwischen Wrack und Kniepsand entdeckte Carl Quedens sechs Leichen und kombinierte, dass die Besatzung der „Ilma" nach der Strandung mit dem Beiboot Richtung Leuchtturm gerudert sei und auf einer Sandbank landete in der Meinung, dass es sich um den landfesten Kniepsand handelte. Aber dazwischen lag noch ein Priel, der bei dem herrschenden Sturm schnell voll Wasser lief und den Übergang zum Kniep verhinderte. In der Dunkelheit aber fanden sie das vermutlich weggetriebene Beiboot nicht wieder und mussten in der auflaufenden Flut ertrinken. Von den zehn Männern der „Ilma" wurden somit insgesamt neun Mann gefunden und auf dem St.-Clemens-Friedhof in der Nordwestecke begraben. Zur Beerdigung des identifizierten Seemannes Alfred Raabek war auch der Vater aus Kopenhagen angereist und ließ seinem Sohn einen Grabstein setzen, der noch bis in die 1930er Jahre vorhanden war. Andere Grabkennzeichnungen waren nicht vorhanden. Die Toten wurden namenlos begraben.

Erst im Jahre 1906 wurde auf der Anhöhe an der Nebeler Mühle der Heimatlosenfriedhof eingerichtet. Im Sommer des Jahres 2015 waren Nachkommen des Steuermannes Gjerrt Olsen Björndal zu Besuch auf Amrum, um die letzte Lebensstation ihres Urgroßvaters in Augenschein zu nehmen. Die Bedeutung der Station Amrum Süd wurde an der Vielzahl der Strandungsfälle, die in ähnlicher Häufigkeit von keiner anderen deutschen Küste gemeldet wurden, aber auch an dem relativ großen Einsatzbereich weit über Amrum hinaus deutlich. Dies wurde auch bei der DGzRS in Bremen anerkannt, sodass die Station Süd neben dem bisherigen Ruderrettungsboot „Elberfeld" im Jahre 1904 ein zusätzliches, gedecktes Rettungsboot erhielt, benannt nach dem langjährigen Husumer Bezirksdirektor Picker.

Das Motorrettungsboot „Picker", zuerst auf der Station Süd, dann Station Odde

Zwei Rettungsboote für die Station Süd

Die „Picker" war auch eines der ersten Boote der DGzRS, das mit einem Motor ausgerüstet wurde. Nach Amrumer Daten im Jahre 1909, nach Unterlagen in Bremen allerdings erst im Jahre 1911. Jedenfalls war es das erste Motorrettungsboot der Gesellschaft. Die „Picker" lag aber nicht in dem vorhandenen Bootsschuppen (in den Jahresberichten Schoppen genannt), sondern an einer Muring nahe dem Hafenpriel. 1912 erhielt die Station Süd dann ein neues Motorrettungsboot, die „Hermann Frese", die nun in den nächsten Jahrzehnten hier stationiert sein sollte. Zunächst ebenfalls an einer Muring am Hafenpriel, ab 1916 dann an der·Mole des neuerbauten Seezeichenhafens.

Inzwischen hatte sich der Gründer des Seebades Wittdün, der Kapitän und Strandvogt Volkert Martin Quedens die Position des Vormannes auf dem Rettungsboot der Station Süd „erobert" - ein unerschrockener Seemann, der keine Gefahr scheute, aber im Dienste der DGzRS nie sein vorrangiges Anliegen, die Bergung gestrandeter Schiffe und das Kassieren von Bergelöhnen, aus den Augen verlor. Das wird auch die Leitung der DGzRS, vom Vorsitzenden des Ortsausschusses auf Amrum über den Bezirksdirektor in Husum bis hin in die Führungsetage in Bremen erkannt haben.

Aber es gab kaum eine Alternative zu Volkert Martin Quedens, der als Schiffsberger sogar bis nach Sylt gerufen wurde. So am 20. März 1901 nach der Strandung des Dreimastschoners „Martha Persival" bei Rantum, obwohl es auf Sylt unverändert eine deutliche Aversion gegen die Amrumer gab. Diese hatten allzuviel und -oft wertvolles Strandgut sowie Möweneier von Hörnum nach Amrum entführt. Doch die Zahl der Strandungsfälle ging nun doch durch die Reduzierung der Segelschiff-Flotten und deren Ersatz durch Dampfer zurück. Auch das verbesserte staatliche Seezeichenwesen, 1906 war auf Hörnum ein Leuchtturm errichtet worden, auf Amrum wie erwähnt schon 1875, trug dazu bei.

Vergeblicher Einsatz zur „S. S. Fidra Leith"

Bericht des Vormannes der Station Amrum Süd, Volkert Martin Quedens: „Am 16. Januar 1910 mittags bekam ich vom Leuchtturm wie auch vom Ortsausschuss in Nebel die telefonische Nachricht, dass zwei Beiboote mit den Namen „S. S. Fidra-Leith" und mehrere Korkwesten bei Norddorf auf den Strand getrieben seien. Es herrschte Sturm aus Südwest mit Regen und Schneeböen. Eine Viertelstunde später wurde mir dann auch gemeldet, dass auf dem *Holtknob* ein festsitzender Dampfer zu sehen sei. Ich alarmierte sofort die Rettungsmannschaft, die schnell zur Stelle war und unser Rettungsboot „Picker" bemannte. Da schon um 2 Uhr die Flut eintrat, konnten wir nicht mehr seewärts von Amrum segeln, sondern mussten unseren Weg durch das Watt zwischen Amrum und Föhr nehmen. Zwischen 7 und 8 Uhr abends kamen wir in Hörnum auf Sylt an. Ein Aufsuchen des Schiffes, von dem Signale nicht zu sehen waren, war bei Nacht aber nicht möglich und wir beschlossen, bis zum Morgen zu warten.

Um 10 Uhr trieb schon eine Leiche mit Korkweste auf Hörnum an. Wir machten um 5 Uhr morgens unser Boot segelfertig, um bei Tagesanbruch vor dem Jungnamen-Gatt zu sein, wo wir gegen 8 Uhr anlangten. Dort sahen wir vor der Mündung zwei Masten und einen Schornstein aus dem

Wasser ragen. Wir kreuzten hinaus, wobei wir in der hochgehenden See viele Sturzseen übernahmen, sodass wir total durchnäßt einen harten Stand hatten. Um 10 1/2 Uhr waren wir in der Nähe des verunglückten und total wrack gewordenen Dampfers, auf dem sich keine Menschen mehr befanden. Zwischen den hoch über das Schiff hereinbrechenden Seen konnten wir die Kommandobrücke sehen. Der Rumpf lag ganz unter Wasser und war in der Mitte durchgebrochen. Wir segelten durch das Jungnamen-Gatt zurück und trafen unterwegs das Rettungsboot „Emile Robin" der Station Amrum-Nord, das ebenfalls vor 24 Stunden hinausgefahren war, aber wegen des schweren Wetters und eines Segelschadens in der Dunkelheit hatte umkehren müssen. Auf unsere Mitteilung von dem betrüblichen Befund des Wracks kehrte auch dieses Boot zurück. Unsere Fahrt ging nun durch Vortrapptief und Landtief nach Wittdün zurück, wo wir um 3 Uhr bei der Landungsbrücke anlangten.

Im Beiboot abgetrieben „Maria"

Am 8. November 1910 wurde der Vormann Volkert Martin Quedens durch den Schiffer Lorenzen alarmiert, um seinen Sohn zu retten, der sich in Lebensgefahr befinde. Dieser war vom Kutter „Maria", der zwischen Wittdün und Steenodde vor Anker lag, im Beiboot fortgetrieben. Weil das Rettungsboot der Station Süd, die „Picker" in den Davids an der Wittdüner Landungsbrücke hing, wurde das Beiboot zu Wasser gelassen und mit vier Mann dem weggetriebenen Boot der „Maria" nachgerudert. Es herrschte stürmischer Westwind und hohe See, sodass es etwa eine Stunde dauerte, ehe das Boot mit dem Sohn erreicht und nach Wittdün zurückgeschleppt werden konnte, wo Vater und Sohn wieder an Bord ihres Kutters gesetzt werden konnten.

Conrad Bendixen (Kunje Bütt): Das Leben gerettet

Noch einmal musste die Rettungsstation Amrum Süd im Jahre 1910 in Aktion treten, um einen hiesigen Schiffer aus Seenot zu retten. Am 14. November vormittags 8 1/2 Uhr erhielt der Vormann durch seinen Sohn

Carl die Meldung, dass in Richtung Seesand ein Schiff in der Brandung liege, von dem nur die Masten zu sehen seien. Die Rettungsmannschaft wurde sofort alarmiert und verließ mit dem gedeckten Segelkutter „Picker" eine knappe Stunde später die Station an der Muring zu Norden von Wittdün. Es stürmte stark und zur Stabilisierung des Rettungsbootes wurde Wasser in die Ballasttanks eingelassen und dann über die Schmaltiefe mit gerefften Segeln hinaus gekreuzt. Gegen Mittag wurde das verunglückte Schiff erreicht, das mitten in der Brandung westlich von Tonne B in der Schmaltiefe lag.

Der originelle einheimische Schiffer Conrad Bendixen, genannt „Kunje Bütt" wurde unter dramatischen Umständen aus Seenot gerettet.

Das Schiff lag unter Wasser, aber im Mast saßen zwei Männer angebunden, die von der hohen See umspült wurden. Die „Picker" ankerte etwa 100 Meter vom gestrandeten Schiff. Carl Quedens und Johannes Matzen gingen nun, mit Rettungsgürteln versehen in das Beiboot und ließen sich mit dem Beiboot an langer Manilatrosse zum verunglückten Schiff treiben. Der erste Anlauf glückte nicht, weil der Strom Boot und Leine abtrieb. Das Beiboot musste wieder eingeholt werden, um den Versuch zu wiederholen und diesmal gelang es, an die Schiffbrüchigen heranzukommen und diese zu übernehmen. Nun musste die Leine mit dem Beiboot wieder zurückgezogen werden, wobei sich der Bootsmann Heinrich Behrens noch die Hand verrenkte. Endlich waren nach vielen Mühen die beiden Schiffbrüchigen geborgen. Sie hatten 18 Stunden halb unter Wasser gestanden und waren steif gefroren. Der Kapitän hätte wohl nicht mehr lange ausgehalten. Mit Kaffee und Kognak wurden sie gestärkt wobei der Schiffer Conrad Bendixen eine ganze Flasche ausgetrunken haben soll, um seine Lebensgeister wieder zu erwecken.

Die Schiffbrüchigen wurden nach Wittdün gebracht, wo Conrad einige Wochen im Hotel Quedens zu Bett lag und dann noch ein halbes Jahr im Krankenhaus verbringen musste. Er blieb allerdings für den Rest seines Lebens gehbehindert. Carl Quedens, der Sohn des Vormannes Volkert Martin Quedens, war aber stolz, dass er fortan von Conrad Bendixen „Mein Lebensretter" genannt wurde. Conrad Bendixen war in inselfriesischen Seefahrerkreisen eine bekannte und hochgeachtete Gestalt. 1859 auf der Hallig Nordmarsch (Langeneß) geboren, fuhr er zunächst weltweit auf Segelschiffen zur See, ging dann aber später auf Amrum und Föhr an Land, um an der Westküste Frachtschifferei mit eigenem Schiff zu betreiben. Auf diesen Fahrten war auch seine Frau Margarethe („Medje") geb. Beck aus Borgsum auf Föhr an Bord, die er 1890 anläßlich einer Haustrauung geheiratet hatte. Im Jahre 1903 auf einer Fahrt nordöstlich der Nordfriesischen Inseln verlor er in einem Sturm sein Schiff, wobei auch „Medje" ums Leben kam. Conrad Bendixen war allgemein nur als „Kunje Bütt" bekannt. Der Beiname wurde ihm zugelegt, weil er in einem seiner Kutter eine Bünn eingebaut hatte, um seine Fischfänge frisch zu halten. „Kunje Bütt" starb 1933 in Wyk an Bord seines Schiffes „Taube", das er sich nach dem Verlust seines Schiffes „Johann Georg" 1910 bei Amrum gekauft hatte. Schiffer bemerkten, dass er mit abgestelltem Motor in den Wyker Hafen einfuhr, aber tot am Ruder saß.

Der Baumwolldampfer

Der Vormann der Station Nord, Gerret Peters, berichtet: „Am 26. Dezember 1910 vormittags wurde vom Leuchtturm gemeldet, dass von dem am 17. Dezember auf Hörnum-Sand gestrandeten Dampfer „Urkiola Mendi", Kapitän Don Juan Hiero, mit einer Ladung Baumwolle von Wilmington (USA/North Carolina) nach Bremen bestimmt, Notsignale gezeigt wurden. Es stürmte stark aus WNW mit schweren Hagelböen. Wir bemannten schleunigst das Rettungsboot „Emile Robin" und segelten mit

Baumwolldampfer „Urkiola-Meni" mit Leichter, 1910.

zwei Reffen kurz vor Mittag von der Station ab nach der Vortrapptiefe bis Tonne F, wo uns der Schlepper „Reiher" entgegen kam, der uns bis zur Brandung schleppte. Zwei Kilometer vom Dampfer entfernt, warfen wir das Segel herunter und ruderten durch die schwere Brandung, bis wir nach 1 1/2 stündiger Arbeit an den Dampfer herankamen. Während wir das Rettungsboot mit Riemen in der hochgehenden See hielten, wurden uns vom Dampfer mehrere Taue zugeworfen, sodass wir schließlich unter schwierigen Umständen neun Mann der Besatzung an Bord nehmen und zum Schlepper zurückruderten, der uns bis Tonne F schleppte. Um 5 Uhr landeten wir wieder auf der Station.

Der Dampfer ist am 7. Februar 1911, nachdem ein großer Teil der Ladung auf Leichter umgeladen und nach Bremerhaven befördert wurde, mit Hilfe von sieben Seeschleppern und 24 Mann von Amrum und 54 Mann von Sylt unter Leitung von Volkert Martin Quedens wieder flott geworden. Die Versicherung musste laut Entscheidung des Seeamtes dafür 550.000 Mark zahlen.

Stationswechsel und neue Rettungsboote

Im Laufe der folgenden Jahre hatte es einige Veränderungen hinsichtlich der Amrumer Rettungsstationen gegeben. 1912 wurde die Station Kniephafen -Baatjestich aufgelöst, weil die von Südwesten heranwandernde Versandung des Amrumer Naturhafens bis zur Station fortgeschritten war. Die Stationen im Norden der Insel wurden aber ergänzt durch die Verlegung der „Picker" zur Amrumer Odde. Das Boot lag an dem heute noch vorhandenen Priel im Watt am Ostufer. Im Dünenwall wurde ein Geräteschuppen errichtet. Gleichzeitig erhielt die „Picker" auch einen Motor und war damit eines der modernsten Boote der DGzRS.

Motorrettungsboot „Hermann Frese", Station Amrum Süd.

Auch die Station Amrum Süd erhielt nun ein Motorrettungsboot die „Hermann Frese" und damit gehörte Amrum in jenen Jahren zu den am besten ausgerüsteten Stationen der DGzRS an deutschen Küsten! Vermutlich hat die Vielzahl der oft dramatischen Strandungsfälle im Seebereich der Insel, aber auch die Reihe der Seesände (Seesand, Jungnamensand, *Holtknob*, *Teeknob*, Hörnum-Sand u.a.) südlich, westlich und nordwestlich der Insel und die bis zu 15 km hinausreichenden Untiefen die Rettungsgesellschaft bewogen, Amrum so ausreichend mit Rettungsstationen zu versehen, wie sie keine andere deutsche Küste aufweisen konnte. Auf der Station Amrum Süd war Vormann Volkert Martin Quedens aus Altersgründen zurückgetreten. Er starb am 1. März 1918.

Rettungseinsätze in den Nachkriegsjahren

ährend des 1. Weltkrieges (1914 - 1918) ruhte für Deutschland der Welthandel über See und entsprechend waren keine Strandungsfälle von Übersee-Dampfern zu verzeichnen. Erst am 1. Dezember 1918, nach Kriegsende melden die Jahrbücher der DGzRS wieder Rettungseinsätze von Amrumer Stationen. Der Vormann der Station Wittdün - nun im neuerbauten Seezeichenhafen - Carl Quedens, ein Sohn des Vorgenannten, berichtete über die Hilfeleistung für das Militärdienstboot „Mückebicke", das mangels Brennstoff zwischen Amrum und Föhr festgeraten war und sich mit zwei Mann in hilfloser Lage befand. Die erschöpften Männer wurden an Bord der „Hermann Frese" genommen und versorgt. Die „Mückebicke" kam in der Nacht bei Hochwasser wieder frei und wurde in den Hafen von Wittdün geschleppt.

Am 21. September 1919 entdeckte Carl Quedens, als er von einer Düne am Hotel „Kaiserhof" mit seinem Fernglas das Meer absuchte, im Vortrapptief ein Schiff mit Notflagge. Sofort wurde die Rettungsmannschaft von Wittdün alarmiert und fuhr zum Havaristen. Dieser wurde gerade rechtzeitig vor der Brandung im Landtief erreicht und konnte mittels einer starken Trosse noch freigeschleppt und mit einem Leck und zwei Fuß Wasser im Raum nach Wittdün gebracht werden. Es war die Galeasse „Hans" aus Bremen, Kapitän H. Hülper, mit Steinkohlen von Hamburg nach Sölvesborg in Schweden bestimmt.

Auch die Station Odde (Amrum Nord) kam mit dem „Picker", Vormann Gerret Peters, wieder zum Einsatz. Vom Vorsitzenden des DGzRS-Ortsausschusses in Nebel, Julius Schmidt, erfolgte am 12. Januar 1920 die telefonische Nachricht, dass südlich von Amrum ein Schiff die Notflagge zeige. Das Rettungsboot „Picker" der Station Nord lag während des Winters wegen der Eisgefahr im neuen Seezeichenhafen, sodass die Norddorfer Rettungsmannschaft sich auf den fast 6 Kilometer langen Fußmarsch machen musste. Hier gelangte man, da wegen des Hochwassers ein Umweg über Wittdün gemacht werden musste, erst drei Stunden nach der Alarmierung gegen 7 Uhr abends im Dunkeln an. Ein Auslaufen aus dem Hafen war aber unmöglich, sodass die Mannschaft bis zum Morgen warten musste. Am 13. Januar morgens gegen 7 1/2 Uhr stach die „Picker" dann in See und erreichte gegen 10 Uhr die Unfallstelle nahe der Tonne B in der Alten Schmaltiefe. Hier lag das Fahrzeug mit drei Masten, das Not- und Lotsensignale zeigte und um Schlepperhilfe bat. Das Schiff war leck, die Segel teilweise zerrissen und die Mannschaft sehr ermattet. Vom Rettungsboot „Picker" wurde ein Mann zur Unterstützung auf das Schiff geschickt. Bei diesem Seenotfall war auch das Rettungsboot der Station Süd die „Hermann Frese" im Einsatz. Darüber berichtet der Vormann Carl Quedens wie folgt: Am 12. Februar 1920 sichtete ich in Richtung Süderoog-Sand einen Dreimaster, der die Notflagge zeigte. Ich benachrichtigte sofort den Ortsausschuss in Nebel und dieser beauftragte mich, die Rettungsmannschaft zu alarmieren. Um 2 Uhr fuhren wir aus dem neuen Hafen (Seezeichenhafen), aber wegen der starken Flut kamen wir nur langsam vorwärts. Als es dann dunkel wurde, kehrten wir wegen der Minengefahr in den Hafen zurück, um am anderen Morgen eine neue Fahrt zu versuchen. Wir fanden im dichten Nebel gegen 10 Uhr das Schiff bei Engelsand. Es war der Dreimastschoner „Georg Kimme" von Bremerhaven, beladen mit Ölkuchen von Rotterdam nach Aarhus (Dänemark) bestimmt, bemannt mit Kapitän Kley und fünf Mann. Auch vom Rettungsboot „Hermann Frese" stiegen zwei Mann auf den havarierten Schoner über und in gemeinsamer Anstrengung der beiden Amrumer Rettungsmannschaften und Boote gelang es dann, die „Georg Kimme" nach Wittdün zu schleppen und dort auf Sand zu setzen. Für die Bergung wurde ein Bergelohn von 28.000 Mark bezahlt. Aus den Berichten der Vormänner Gerret Peters, Norddorf, und Carl Quedens, Wittdün, ist aber nicht ersichtlich, weshalb beide Rettungsboote im Einsatz waren und die Norddorfer Mannschaft zu diesem Zweck bis zum Seezeichenhafen bei Wittdün insgesamt rund 12 Kilometer hin und zurück marschieren musste.

Fischdampfer „Ottensen" als Wrack auf Jungnamensand

Westlich von Amrum, einige Kilometer weit hinaus auf See jenseits des mächtigen Vortrapptiefs liegt eine mächtige Sandbank namens Jungnamen (Jungnamensand). Der Strömung und dem Westwind gehorchend wandert dieser Seesand ostwärts auf Amrum zu, hat aber in den letzten Jahrzehnten sowohl an Größe als auch an Höhe verloren. Auch der verrostete Rest eines im Herbst 1922 gestrandeten Dampfers, früher auf dem Jungnamen liegend und zu Fuß zu besichtigen, ist inzwischen in der Nordsee verschwunden. Der Altonaer Fischdampfer „Ottensen" strandete am 19. Sep-

Ein Wrack auf der Sandbank – Fischdampfer „Ottensen", Hamburg, gestrandet am 19.9.1922 auf Jungnamensand, Amrum.

tember und ging total verloren. Nachdem die Mannschaft mit dem Kapitän Mewes 17 Stunden in der Brandung ausgeharrt hatte, rettete sie sich im eigenen Boot nach Amrum. Die „Picker" von der Station Nord fand am nächsten Morgen das gesunkene Schiff leer und kehrte zur Station zurück. In einer Seeamtsverhandlung wurde festgestellt, dass der Kapitän an der Strandung nicht unschuldig war. Beschäftigt mit dem Fischfang wähnte er sich vor der Elbemündung und hatte sich hinsichtlich des Standortes um etwa 40 Seemeilen! verschätzt.

Hamburger Dampfer „Albis" - eine Strandung mit „Geschichte"

Dramatisch verlief auch die Strandung des Hamburger Dampfers „Albis", Kapitän Kucker, am 24. November 1922. Bei orkanartigem Sturm wurde dem DGzRS Ortsausschuss durch den Leuchtturm gemeldet, dass ein Schiff in der Rütergat-Brandung gestrandet sei. Sofort lief das Rettungsboot „Hermann Frese" aus und konnte unter großer Gefahr die halbe Besatzung, neun Mann, abbergen. Aber dann mussten weitere Rettungsversuche wegen der hohen Brandung abgebrochen werden. Die Geretteten wurden nach Wittdün gebracht, während die übrigen neun Männer auf der „Albis" zunächst ihrem Schicksal überlassen werden mussten - allerdings nicht allein. Der Vormann des Rettungsbootes „Hermann Frese", Carl Quedens, war auf den gestrandeten Dampfer übergesprungen, offenbar um Möglichkeiten der Bergung zu erkunden. Inzwischen hatte sich aber das Rettungsboot „Picker" der Station Amrum Odde, Vormann Gerret Peters, auf den Weg gemacht und erreichte am nächsten Tag, am 25. November, den Dampfer, der nun völlig unter Wasser lag. Nur die Kommandobrücke ragte noch aus der Brandung, und hier hatte sich der Rest der Mannschaft in völlig erschöpften Zustand versammelt. Der „Picker" gelang es dann unter Lebensgefahr an der „Albis" festzumachen und die Besatzung, darunter auch Carl Quedens, über Wanten und Fockstag zu übernehmen. Dann ging es mit den halbtoten Schiffbrüchigen schnell nach Wittdün, wo das Rettungsboot mit großem Beifall an der Brücke empfangen wurde. Für diese Rettungstat erhielt die Mannschaft der „Picker" die Prinz-Heinrich-Medaille, während sich der Vormann der „Hermann Frese", Carl Quedens

Bild 43: Hamburger Dampfer „Albis" (?) - Altarblatt in der Kapelle in Wittdün.

nach einer Notiz in seiner Chronik „eine solche um die Nase wischen konnte. Für uns hatte das Rettungswesen kein freundliches Wort, weil eine maßgebende Persönlichkeit mir feindlich gesonnen war." Viel eher dürfte die Ablehnung einer Auszeichnung durch den Umstand begründet sein, dass Carl Quedens wieder einmal in bester Familientradition eher die Bergung des Dampfers und den Bergelohn im Auge hatte, als die Rettung der Mannschaft. Zu ersterem Zwecke war er ja trotz Lebensgefahr auf den gesunkenen Dampfer übergesprungen. Schon sein Vater Volkert Martin Quedens, als Schiffsberger berühmt, stand in dem Verdacht, als Vormann des Rettungsbootes der Station Süd eher den möglichen Bergelohn für gestrandete Schiffe als die Rettung der Schiffbrüchigen zu verfolgen und der Sohn Carl setzte diese „Tradition" offenbar fort. Deshalb war er bei der DGzRS in Bremen nicht gelitten und wurde ab 1923 als Vormann eines Rettungsbootes nicht mehr genannt.

Auf Amrum wurde die erfolgreiche Bergertätigkeit - wie im Falle der norwegischen Bark „Roma" auch robust betrieben - von Vater und Sohn mit Neid und Missgunst betrachtet, sodass die Absetzung von Carl Quedens sicherlich mit Schadenfreude und Häme auf Amrum begrüßt wurde. Der Dampfer „Albis" aber ging total verloren. Er hatte sich unter Führung von Kapitän Kucker mit einer Steinkohlenladung auf der Fahrt von England nach Königsberg befunden.

Als im Jahre 1929 der nun wohlsituierte Hotelier Carl Quedens (Hotels „Vierjahreszeiten" und „Victoria" auf der Dünenhöhe über der Wittdüner Strandpromenade) für die Evangelische Kapelle in Wittdün das Altarblatt, gemalt von Professor Nikolaus Soltau (1877 - 1956) stiftete, zeigte das eine Blatt einen versunkenen Dampfer mit einem Mast voller Schiffbrüchiger und das andere Blatt das Rettungsboot der Station Wittdün. Weil Carl Quedens die Bemalung des Wittdüner Altarblattes bezahlt hat, liegt es nahe, dass es sich hierbei um den den Strandungsfall „Albis" handelt.

Das „Totenschiff"

Das Totenschiff „Hermina", jahrelang kieloben auf dem Kniepsand bei Wittdün.

In den folgenden Jahren ereigneten sich einige spektakuläre Strandungsfälle, die keinen Einsatz Amrumer Rettungsboote erforderten. Dazu gehört
die Strandung des Motorschoners „Hermina", der kieloben einige Jahre auf
dem Kniepsand von Wittdün Zeugnis einer Tragödie auf See war und auf
der Insel den Beinamen „Totenschiff" erhielt, weil der Wittdüner Strandvogt Carl Quedens, der sich um die Bergung des Schiffsrumpfes bemühte,
im Inneren des Schiffes zwei skelettierte Leichen fand. Der gekenterte
Schiffsrumpf war im November 1923 zunächst auf Hörnum-Sylt gestrandet und trieb bei einem Sturm am 3. Februar 1924 hinüber nach Amrum,
wo er auf dem Kniepsand südwestlich von Wittdün erneut fest geriet und
hier sogleich den Berger-Instinkt von Carl Quedens aktivierte. Er legte
nach Osten hin lange Ankertrossen aus und bei jeder Sturmflut trieb der
Schiffsrumpf um die doppelte Länge dieser Trosse auf und erreichte nach
mehrmaliger Verankerung am 31. Dezember 1925 die Schmaltiefe.
Von hier konnte der Rumpf der „Hermina" dann in die Wittdüner Reede
an der Landungsbrücke geschleppt werden. Es gelang aber nicht, den Schiffsrumpf mittels elektrischer Winden umzudrehen, sodass Carl Quedens den gut
erhaltenen Rumpf an die Taucherfirma Beckedorf, Hamburg-Steinwerder,
verkaufte. Hebekräne richteten hier das „Totenschiff" auf, sodass zunächst
die Ladung gelöscht und in Wesermünde eine gründliche Renovierung
und Neubetakelung erfolgen konnte. Nach mehrmaligem Besitzerwechsel
war das Schiff, zuletzt als „Hedwig Pannbacker" noch bis 1974 in Fahrt! Als
„Hermina" war das Schiff der Hamburger Reederei Hildebrand vom Kapitän Bertalmann geführt worden, der neben einer siebenköpfigen Besatzung
auch seine Frau und ein Kind an Bord hatte. Alle verloren im November
1923 ihr Leben, als das Schiff in einem Sturm kenterte.

Dampfer „Helene" - jahrelange Attraktion auf dem Norddorfer Kniep

Zwei Jahre hatte das „Totenschiff" als schauerliche Attraktion auf dem
Kniepsand unter Wittdün gelegen, als sich Jahre später, in der Neujahrs-
nacht 1929 auch auf dem Kniepsand direkt am Norddorfer Badestrand ein
Dampfer „zur Ruhe setzte" und ebenfalls jahrelang eine Anschauung für

Vergeblich waren die Baggerarbeiten an der gestrandeten „Helene". Der Kniepsand gab den Kieler Dampfer nicht wieder frei. Erst 1994 wurden die letzten Reste beseitigt.

Strandungsfälle bot. Es war der Hamburger Dampfer „Helene", auf der Rückreise von Esbjerg (Dänemark) nach Hamburg, der am 28. Dezember 1929 in Höhe der Amrum-Bank durch einen Sturm aus Südwest nach Nordosten vertrieben wurde und auf dem nördlichen Ausläufer des Kniepsandes strandete.

Hier saß der Dampfer bei Ebbe völlig trocken, sodass das Rettungsboot „Emile Robin" der Station Nord nicht eingreifen musste, weil die Besatzung an Land spazieren konnte. Bald nach der Strandung versuchte man eine Rinne auszubaggern, um die „Helene" wieder flott zu machen. Aber was bei Ebbe ausgebaggert war, wurde durch die nächste Flut wieder einplaniert, sodass der Dampfer schließlich abgewrackt wurde. Doch blieben Kiel und der mit Zement gefüllte Schraubenblock noch jahrzehntelang im Kniepsand liegen und wurden erst im Jahre 1994 durch einen zweimaligen Einsatz des Technischen Hilfswerkes beseitigt.

Doppelter Einsatz bei Strandung der „Taypo"

Am Abend des 18. März 1933 meldete der Vormann der Station Nord, Ernst Peters, dass bei Hörnum ein Dampfer aufgelaufen war und Notsignale zeigte. Der Ortsausschuss Amrum wurde alarmiert und setze beide Rettungsboote ein, die „Hermann Frese" der Station Süd und die „Emile Robin" der Station Nord. Bemerkenswerterweise war auch das Rettungsboot der Station Süd ausschliesslich mit Männern aus Norddorf bemannt, Vormann Richard Flor. Die Besatzung wurde per Auto zur Station im Seezeichenhafen gefahren und ging um 22.30 Uhr in See.

Bei Gegenstrom und grober See erreichte die „Hermann Frese" den gestrandeten englischen Dampfer morgens gegen 4 Uhr. Es handelte sich um den Fischdampfer „Taypo" der Reederei Taylor aus Grimsby, Kapitän A. W. Browen. Das Schiff war auf dem gefährlichen Hörnum-Sand gestrandet. Die „Hermann Frese" blieb an der Strandungsstelle, holte aber das Rettungsboot „Emile Robin", das am Abend gegen 22 Uhr von einem Pferdegespann zu Wasser gebracht worden war und Kurs auf den Strandungsort nahm. „Wir mussten aber schwer rudern, um durch die Brandung frei vom Strand zu kommen. Dann setzten wir Segel und fuhren zur Unfallstelle, konnten aber gegen Flutstrom und Brandung nicht ankommen und fuhren nach Hörnum, um den Tag abzuwarten", berichtete der Vormann Ernst Peters.

Am folgenden Morgen, dem 19. März, ging das Ruderrettungsboot wieder in See und wurde an der Südspitze von Hörnum von der hier liegenden „Hermann Frese" in Schlepp genommen und zum Strandungsort gebracht. Beiden Amrumer Rettungsbooten gelang es dann, von der Seeseite her durch die Brandung an den Dampfer heranzukommen und die Schiffbrüchigen an Bord zu nehmen. Als letzter verließ der Kapitän von den insgesamt neun Mann das gestrandete Schiff. Gegen 7.30 Uhr morgens war die Rettungsaktion vollendet und die Schiffbrüchigen wurden am Norddorfer Strand dem Strandvogt Boy H. Peters übergeben, der ihnen Unterkunft und Verpflegung besorgte. Die „Hermann Frese" war bemannt mit Richard Flor als Vormann, dem Kapitän Broder Jensen, Ernst Martens, Heinrich Schuldt, Wilhelm Basler und Ricklef Flor.

Die Rudermannschaft der „Emile Robin" bestand aus den Herren Ernst Peters als Vormann, seinem Bruder Philipp Peters, Julius Peters, Gustav Peters, Hermann Karlisch, Johannes Quedens, Cornelius Jannen, Leonhard Schuldt, Hans Behder, F. Martens und Peter Carlsen

Vom Ruderrettungsboot zum Seenotrettungskreuzer

Jn den 1930er Jahren und während des 2. Weltkrieges (1939 – 1945) wurden nur wenige Seenotfälle und Rettungseinsätze verzeichnet. Im 2. Weltkrieg ruhte der Schiffsverkehr nach Übersee und zu europäischen Häfen aber auch an der deutschen Küste fast ganz. Schiffe trauten sich wegen des Tiefliegerbeschusses, insbesondere in den letzten Kriegsjahren infolge der alliierten Luftüberlegenheit, kaum hinaus auf See. Doch blieben Rettungsboote aktiv, vor allem um aus abgeschossenen deutschen und alliierten Flugzeugen die Besatzungen aus der Nordsee zu bergen. Gelang es doch immer wieder einzelnen Besatzungsmitgliedern, sich per Fallschirm zu retten. Aber die langjährigen Ruder- und Segelrettungsboote der Amrumer Stationen kamen nicht mehr zum Einsatz.

Inzwischen bahnte sich ein grundlegender Wechsel beim Bau der Rettungsboote an. Noch mitten im Weltkrieg 1944, wurden die ersten Rettungsboote mit Turmaufbau in den Dienst gestellt. Vorläufer der heutigen Seenotrettungskreuzer. Für den Seebereich Amrum erfolgte die Stationierung der Rettungsboote „August Nebelthau", „Geheimrat Sartori" und „Bremen" wechselweise in Hörnum und auf Amrum, wo das langjährige Rettungsboot „Hermann Frese" (1912 – 1942) abgezogen worden war. Das Ruderrettungsboot „Emile Robin" der Station Nord wurde auch nicht mehr eingesetzt.

In den Tagen vom 24. bis 27. November 1939 ereignete sich eine Strandung, die zwei Seeleuten das Leben kostete. Es handelte sich um das Motorschiff „Vineta", Schiffer Grothmann aus Wischhafen, mit 95 Tonnen Hafer von Dagebüll auf der Fahrt nach Oldenburg. Das Schiff strandete auf dem Kniepsand westlich vom Quermarkenfeuer und lag in der Strandbrandung, aber für die Besatzung, drei Mann, bestand keine Gefahr. Das alarmierte Rettungsboot „Hermann Frese" lief deshalb in die Station Seezeichenhafen zurück und die Mannschaft wurde entlassen. Es war dann eine besondere Tragik, dass am folgenden Tag zwei Mann der Besatzung ertranken, als sie versuchten, dass Land bzw. den Kniepsand zu erreichen. Bei Ebbe hätten sie ohne weiteres an Land spazieren können, wie es der Schiffer Grothmann tat.

Über das weitere Schicksal des Schiffes liegen keine Nachrichten vor. Es ist offenbar wieder flott geworden, nachdem es um seine Ladung erleichtert wurde. Jedenfalls bedeckte der über Bord gegebene Hafer in dickem Flutsaum den Norddorfer Strand. Dorfbewohner waren mit Handwagen unterwegs, um den Hafer (der sich nach kurzer Lagerung in Süßwasser noch als Hühnerfutter verwerten ließ) aufzuschaufeln. Auch der Verfasser erinnert sich daran, dass er mit seiner Mutter zu diesem Zweck am Strand war, der Vater war schon bei der Wehrmacht eingezogen und befand sich im Krieg.

Das U-Boot - von der Besatzung selbst versenkt!

In den nachfolgenden Kriegsjahren melden die Jahrbücher der DGzRS für Amrum keine dramatischen Strandungsfälle. Lediglich am 22. Februar 1944 erfolgte der Einsatz zweier Rettungsboote. Am genannten Tage war der Büsumer Fischkutter „Sturmvogel", Schiffer Harnack, im Planquadrat 2400 mit 250 Zentnern Heringen gestrandet und wurde mit Hilfe der „Geheimrat Sartori" von Hörnum und „Hermann Frese II" von Amrum wieder flott.

Aber gleich nach Kriegsende (8. Mai 1945) gab es für das Amrumer Rettungsboot wieder einen Einsatz, der noch lange im Gespräch blieb. Am 24. Mai morgens um 5 Uhr wurde gemeldet, dass im Landtief bei Tonne 4 ein Schiff auf Grund sitze. Das Rettungsboot mit dem Vormann Richard Flor lief sofort aus und erreichte nach einer knappen Stunde den Strandungsort. Aber was bot sich der Amrumer Rettungsmannschaft da!? Es war ein deutsches U-Boot, U 979, Kommandant Kapitänleutnant Meermeier, der das Boot absichtlich auf Grund gesetzt hatte, um es zu versenken und nicht den Siegermächten auszuliefern, was bei der Kapitulation vereinbart war.

Ein Besatzungsmitglied hat die letzten Tage des U-Bootes beschrieben: „Unser Operationsgebiet lag um Island. Ende April, bei einem Angriff auf einen Geleitzug, rammte ein amerikanischer Zerstörer unser Boot und zerstörte die Stahltrossen am Oberdeck, die zum Längstwellenempfang auf Schnorcheltiefe dienten. Ohne Funkverbindung und Kenntnis vom Kriegsende wurden noch Angriffe durchgeführt, aber als wir vollbeleuchtete Schiffe ohne Zerstörerbegleitung sahen, kam uns die Situation komisch vor. In einer eisfreien Bucht Grönlands erfuhren wir über eine Notantenne vom Kriegsende, und dass wir unter schwarzer Flagge aufgetaucht den nächsten alliierten Hafen anlaufen sollten, also Reykjavik auf Island. Wir beschlossen aber, nach Hause zu fahren. Sahen in Bergen englische Zerstörer ein und auslaufen und hofften, das Tief bei Wyk auf Föhr zu erreichen. Vor Wittdün gerieten wir jedoch am 24. Mai auf Grund, fluteten alles und setzten mit einem Schlauchboot an Land über, insgesamt sechs Offiziere und 42 Mann. Der Kommandant wurde bald darauf von den britischen Militärbehörden interniert, aber entlassen. Ein Besatzungsmitglied, der Offizier Uwe Jessen, war dänischer Staatsbürger aus Nordschleswig und hielt sich fast drei Monate auf Amrum versteckt. Das gesunkene U-Boot

Reste des U-Bootes 979, bei Kriegsende von der Besatzung auf einer Sandbank westlich des Kniepsandes Wittdün auf Grund gesetzt.

lag jahrzehntelang sichtbar westlich von Wittdün und konnte bei scharfem Ostwind und tiefer Ebbe zu Fuß erreicht werden. Zunehmend verrostet ist das Wrack dann erst um das Jahr 2000 verschwunden.

Mit der „Bremen" durch Packeis nach Pellworm

Über die letzten Kriegsjahre und ersten Nachkriegsjahre des Rettungs-wesens von Amrum, berichtet die „Amrum-Chronik 1983" anläßlich des 80. Geburtstages von Volkert Philip Quedens: Nach Kriegseinsätzen im Schwarzen Meer, in Belgien und in der Ostsee kehrte der Genannte im April 1944 nach Amrum zurück, nachdem die Deutsche Gesellschaft zur Rettung Schiffbrüchiger seine Freistellung bei der Wehrmacht reklamierte, um einen Vormann für das Rettungsboot „Hermann Frese" zu haben. Das Rettungsboot der Station Amrum Süd lag draußen vor Amrum, um Überlebende Besatzungen abgeschossener oder notgelandeter Flugzeuge zu retten. Dabei spielte es keine Rolle, ob es sich um eigene oder feindliche Flieger handelte.

In Eiswintern – hier 1954 – blieb das Rettungsboot der Station Amrum oft der einziger Ver-sorgung für die von Eismassen eingeschlossenen Halligen und Pellworm.

Einmal stürzte ein britisches Flugzeug auf Hubsand ab, aber da waren nur noch Leichen an Bord. Feindliche Tiefflieger, die im Juni und Juli 1944 die Fährdampfer der WDR beschossen und das eine Mal den Kapitän Wilhelm Nommensen und das zweite Mal elf Passagiere erschossen, ließen aber das Rettungsboot mit dem Malteserkreuz ungeschoren.

Auf das Rettungsboot „Hermann Frese" folgte nach Kriegsende das Rettungsboot „Bremen". Als im Eiswinter 1947 die WDR-Dampfer nicht mehr nach Amrum durchkamen, das Watt zwischen den Inseln und dem Festland aber noch nicht ganz zugefroren war, kämpfte sich die kleine „Bremen" durch das Eis, um Lebensmittel und Medikamente nach Amrum, zu den Halligen und nach Pellworm zu bringen. 1949 wurde die „Bremen" zwecks Umbau zurückbeordert und der Vormann Volkert Quedens erhielt das Rettungsboot „Matthäus Möller".

1951 erfolgte ein neuer Bootswechsel durch die Stationierung der „Rickmer Bock". Auch mit diesem Boot wurden im Eiswinter 1954 schwierige Versorgungsfahrten bis nach Pellworm gemacht.

Erzfrachter „Pella" - 25 Mann gerettet

 $\mathfrak{J}$ n den Jahren von 1952 bis 1960 gab es keine dauernde Rettungstation auf Amrum. Erst 1961 wird die inzwischen umgerüstete „Bremen" sowohl für Hörnum-Sylt als auch Amrum gemeldet, ehe sie ab 1962 fest auf Amrum stationiert wird. Als Vormann wird zunächst Jörn Matthiessen aus Büsum genannt, und als Stellvertreter Harry Tadsen von Amrum. Mit der kleinen „Bremen" gelang dann unter Führung von Harry Tadsen am 2 /3. August 1964 eine Rettungstat, die von der Anzahl der Geretteten, nämlich 25 Mann, als eine der bedeutendsten in der Geschichte der DGzRS verzeichnet wurde.

Im Rütergat, etwa 12 Kilometer südwestlich von Amrum war bei Westnordweststurm mit schweren Böen und starken Regenschauern ein 7081 BRT großer Frachter, beladen mit Eisenerz, festgeraten und wurde von Brandungsseen überschüttet. Der Frachter hieß „Pella" und wurde vom griechischen Kapitän Lampros Mathaios geführt. Auch die Besatzung stammte bis auf den holländischen Funker aus Griechenland, genauer von der Insel Chios. Eigentümer dieses Schiffes, das als sogenanntes „Liberty" Schiff im 2. Weltkrieg als Truppentransporter in Kanada gebaut und als „Elm Park" in den Dienst gestellt wurde, war der griechische Reeder Livanos. Nach Kriegsende wurde sie als Frachter umgebaut. Die „Pella" befand sich am 22. Juli 1964 mit einer Ladung Eisenerz ab Cartagena (Spanien) auf der Reise nach Bremen, kam aber in der Nordsee völlig vom Kurs ab und strandete gegen Abend des 31. Juli bei Amrum.

Am 1. August tauchte der Schlepper „Atlas" der Bugsier Reederei ungerufen am Strandungsort auf. Offenbar hatte man wie üblich den Funkverkehr abgehört und von der Strandung der „Pella" erfahren. Einen Notruf hatte die „Pella" nicht abgegeben. Die Verhandlungen mit der üblichen Bergerkondition „Keine Bergung kein Geld" erwiesen sich jedoch als langwierig wegen der komplizierten Besitz- und Zuständigkeitsverhältnisse. Der nominelle Eigentümer des Erzfrachters hieß Northern Marine Corporation mit Sitz im Libanon, wohin aus Steuergründen etliche Schiffe „ausgeflaggt" waren. Aber die eigentlichen Eigentümer saßen in Griechenland, dort vor

Erzfrachter „Pella", am 1. August 1964 gestrandet und am folgenden Tag auseinander gebrochen. 25 Mann gerettet.

allem die Reederfamilie Livanos. Zum Bergungsschlepper „Atlas" gesellte sich dann noch der Schlepper „Hermes", und vermutlich wäre die „Pella" mit deren Hilfe freigekommen. Doch Kapitäne versuchen, um hohe Bergungskosten zu sparen, grundsätzlich zunächst aus eigener Kraft wieder frei zu kommen. Aber der Frachter wurde infolge seines Gewichtes und der Gezeitenströmung immer tiefer in die Sandbank hineingespült. Die Wetterlage wurde ebenfalls schlechter und der Wind frischte bis Stärke 8 aus Nordwest auf.

Längst war man auch in der DGzRS-Zentrale in Bremen informiert und am Abend des 1. August 1964 alarmierte die Seenotleitung den 1952 modernisierten Rettungskreuzer „Bremen", Vormann Harry Tadsen. Das Rettungsboot war seinerzeit, abgesehen vom Vormann, noch nicht mit einer festangestellten Mannschaft besetzt, sondern wurde mit Freiwilligen aus der nächsten Nachbarschaft im Falle eines Einsatzes verstärkt. Dies waren der Tonnenleger Hinrich Ricklefs, Theo Johannsen und der Maschinist Max Petersen, letztere Angestellte unmittelbar vor Ort im Seezeichenhafen. Um 21.30 Uhr erreichte die „Bremen" den Havaristen und nahm Verbindung mit dem Kapitän der „Pella" auf. Dieser lehnte jedoch ab, an Bord des Rettungsbootes zu kommen, um von dort aus über UKW-Funk Verbindung mit dem Makler in Bremen aufzunehmen, weil schon ein Funktelegramm unterwegs war. Sowohl auf den Schleppern, die im Tiefwasser vor Anker blieben als auch auf der „Bremen" wurde angesichts der Lage des Frachters und des sich bis zum Sturm steigernden Windes aber das Schlimmste befürchtet.

Am Morgen des 2. August steigerte sich wie erwartet und von den hiesigen Küstenkennern vorausgesagt, das Strandungsdrama, als es bei auflaufender Flut im Inneren der „Pella" zu krachen und zu knacken begann. Der unterspülte Schiffsrumpf begann in der Mitte durchzubrechen und nun begriffen Kapitän und Besatzung die Gefährlichkeit ihrer Lage, packten ihre persönlichen Sachen und flüchteten zunächst auf das Vorschiff.

Nun ging es darum, die Mannschaft aus ihrer Lage zu befreien. Überschüttet von Gischt sprühenden Brandungswellen und Wind bis Stärke 8 mit Regenschauern arbeitete sich die „Bremen" an das Wrack heran und immer, wenn es von einer Welle bis an die Reling hochgehoben wurde, sprangen Männer hinüber auf das Rettungsboot oder warfen ihre Habe an Deck. Immer wieder aber fuhr das Rettungsboot auch vergeblich vorbei, weil niemand das Überspringen gewagt hatte. Ein Sturz ins Wasser hätte ja den sicheren Tod bedeutet! Etwa 30 Anläufe waren nötig, ehe die 25köpfige Besatzung vollständig von dem kleinen Rettungsboot übernommen war und die Geretteten nach Wittdün befördert wurden, wo sie zunächst betreut wurden. Bei dem fast zweistündigen Rettungsmanöver stieß die „Bremen" aber so unglücklich gegen die „Pella", dass die Antenne des Rettungsbootes beschädigt wurde. Der Funkverkehr wurde dann von der von Sylt herbeigeeilten „Hindenburg" übernommen.

Strandungsfall als Attraktion

Weil die Strandung während der Sommersaison stattfand und in den Medien verbreitet wurde, entwickelte sich dieses Ereignis auf den umliegenden Inseln und Halligen schnell zu einer Attraktion. Von Sylt und Föhr, von den Halligen und insbesondere von Amrum aus fuhren täglich Ausflugsschiffe mit neugierigen Kurgästen hinaus. Auch für Fischkutter und Privatschiffe entwickelte sich die „Pella" zu einem Ausflugsziel. Und dabei spielte die traditionelle „Strandräuberei" wieder eine gewisse Rolle. Trotz Verbotes und gelegentlicher Kontrollfahrten von Wasserschutzpolizei und anderen Behördenfahrzeugen wurden nautische Instrumente und andere Einrichtungen aus dem Wrack ausgebaut, wobei aber nicht nur einheimische Insulaner „Traditionspflege" betrieben, sondern vor allem ein zufällig anwesender Inselgast, der Vorsitzende des Wiesbadener Yachtclubs, Alex Zeis, die inselfriesischen „ Strandräuber" auf die Plätze verwies. Der Genannte organisierte unverzüglich Kutter und Lastwagen und räumte in resoluter Weise einen Teil des Inventars ungeachtet des oft hohen Seeganges aus dem Wrack und schaffte es in das Clubhaus nach Wiesbaden, wo man noch heute die teils gediegene Einrichtung der „Pella" in der „Pella-Stube" bewundern kann. Durch Strömung und Brandung wurden die beiden Teile des Erzfrachters bald gegeneinander versetzt und sanken immer tiefer infolge der Unterspülung ein. Aber unverändert blieb das Wrack das Ziel von Ausflugsschiffen, Fischkuttern, Segel-und Motoryachten. Und immer wieder enterten Menschen an Bord und entdeckten noch „Andenken", deren Abbau und Mitnahme sich lohnte.

Moderner Seenotrettungskreuzer auf der Amrumer Station

Die „Bremen" war 1931 auf der Werft Lürssen in Bremen-Vegesack gebaut und als „Konsul Kleyenstüber" in Dienst gestellt worden. Von 1946 bis 1949 lag der Kreuzer auf Amrum. 1953 erfolgte der Umbau zum ersten Seenotrettungskreuzer der DGzRS, versehen mit dem typischen Turmaufbau und einem Tochterboot in der Heckwanne. Die Geschwindigkeit betrug jedoch nur rund 10 Knoten. Die Besatzung bestand aus dem festangestellten Vormann sowie dem Maschinisten, die bei Einsätzen ergänzt wurden durch Freiwillige, die an Land wohnten und Berufen nachgingen. Die „Bremen III" lag von Oktober 1961 bis zum April 1965 im Seezeichenhafen auf der Station Amrum und wurde dann ersetzt durch den modernen Seenotkreuzer „Ruhr-Stahl", 1958 bei Schweers in Bardenfleth gebaut und mit dem Tochterboot „Tünnes" in der Heckwannne. Die „Ruhr-Stahl" erinnerte an die großzügige Unterstützung des Rettungswerkes durch die westdeutsche Stahlindustrie, während „Tünnes" den Namen eines bekannten Kölner Originales (Tünnes und Schäl) trug. Vormann des reichlich 23 Meter langen und 20 Knoten (1 Knoten = 1 Seemeile/h = 1.852 Meter) schnellen Rettungskreuzers blieb Harry Tadsen.

Es folgte aber in den nächsten Jahren eine ruhige Zeit, mit unspektakulären Seenot- bzw. Strandungsfällen. Dazu gehörte die Havarie des Frachter „Minna-Marie" auf einer Steinbuhne bei Dagebüll am 25. August 1965 und der bei schwerem Südweststurm losgerissene und zum Lande treibende Bagger auf der Hever am 1. November 1965.

Am 25. November 1966 wurde die „Ruhr-Stahl" bei steifem Südwestwind zu dem Kutter „Ording 3", gerufen, der in der Brandung nahe St.-Peter-Ording auf einer Untiefe saß und dessen Kapitän gestorben war. Die Leiche des Kapitäns konnte mit dem Tochterboot „Tünnes" an Land gebracht und der gestrandete Kutter am nächsten Morgen freigeschleppt werden. Als weiteren Rettungseinsatz meldet dann das Jahrbuch 1969 die schwierige Bergung des dänischen Fischkutters „Winja" am 1. August 1968, der mit Motorschaden bei Sylt strandete. Als nach dem Notruf gegen Mitternacht eine Schleppleine übergeben werden konnte, war die „Winja" bereits 80 cm tief eingesandet, aber durch ständiges Hin-und Herscheren und unter Einsatz aller Maschinen gelang es nach anderthalb Stunden den Havaristen frei zubekommen und in den Hafen von Hörnum einzuschleppen.

„Ruhr-Stahl" - selbst gestrandet

Es gehört zu den eigenartigsten Strandungsfällen im Seebereich von Amrum bzw. im Einsatzbereich des dortigen Rettungskreuzers, dass die „Ruhr-Stahl" am 15. Januar 1968 selbst von einer Strandung betroffen war und zwar im Zusammenhang mit einer Hilfeleistung. Am genannten Tage geriet das Fährschiff „Pidder-Lyng" der Wyker-Dampfschiffs-Reederei (WDR) auf der Linienfahrt von Dagebüll nach Föhr und Amrum in einen kräftigen Sturm, der das Eis im Wattenmeer in Bewegung brachte. Eine Eisscholle beschädigte die Ruderanlage und die Schrauben der Autofähre, die hilflos auf den Deich von Dagebüll zutrieb. Der Kapitän August

Ab April 1965 auf der Station Amrum im Seezeichenhafen stationiert – der moderne Seenottrettungskreuzer „Ruhr-Stahl".

131

Hauschildt rief den Rettungskreuzer „Ruhr-Stahl" zu Hilfe, der von der Station Amrum auslaufend nach etwa einer Stunde am Unfallort war. Mit einiger Mühe gelang es, eine Schleppleine auf die „Pidder-Lyng" zu ziehen. Als ein schwerer Brecher über das Rettungsboot fegte, legte sich dieses quer und die Schleppleine geriet in beide Schrauben der „Ruhr-Stahl. Damit war auch der Rettungskreuzer manövrierunfähig geworden und wurde zusammen mit der WDR-Fähre durch eine ungewöhnlich hohe Sturmflut auf den Deich bei Dagebüll gesetzt, eben neben dem dortigen Strandhotel. Dort haben beide Schiffe, bei normaler Tide vom Wasser unerreicht, gesessen, ehe die „Ruhr-Stahl" am 4. Februar und die Fähre „Pidder-Lyng" am 6. Februar durch einen Schwimmkran der Hamburger Bergungsfirma Harms wieder zu Wasser gebracht werden konnten.
Der Amrumer Rettungskreuzer wurde durch das Motorrettungsboot „Hindenburg" zunächst an der Dagebüller Pier festgelegt, während die WDR-Fähre zur Reparatur in die Husumer Schiffswerft befördert werden musste.

Doppelstrandung am 15. Januar 1968. Die Fähre der WDR und der Rettungskreuzer „Ruhr-Stahl" der Station Amrum strandeten, nachdem bei einem Abschleppmanöver die Schleppleine brach und in die Schraube des Rettungskreuzers geraten war. Am 4. und 6. Februar wurden beide Schiffe durch einen Schwimmkran wieder zu Wasser gebracht.

Anfang Oktober 1971 wurde die WDR-Fähre nach Jugoslawien verkauft und war hier noch viele Jahre in Betrieb. Bei der für Seenotfälle im deutschen Küstenbereich durchgeführten Seeamtsverhandlung in Flensburg wurde dann amtlicherseits festgestellt, dass die Führung der WDR-Fähre „Pidder-Lyng" wie auch dem Seenotrettungskreuzer „Ruhr-Stahl", an der Strandung kein schuldhaftes Verhalten nachzuweisen war.

Die „Mittlere Sektion" - ein Monstrum auf Kniepsand

Deutsche Gesellschaft zur Rettung Schiffbrüchiger, heißt im Klartext und im Sinne der damaligen· Gründung, Schiffbrüchige, also Menschenleben zu retten. Rein materielle Werte spielen dabei nur eine mittelbare Rolle. Deshalb fehlen bei einigen spektakulären Seenot-und Strandungsfällen auch Berichte über dramatische Einsätze von Rettungsbooten. So beispielsweise bei der Strandung des „Mittelstückes" am 18. November 1969. Am Morgen des genannten Tages entdeckte ein früher Strandgänger auf dem Kniepsand querab des kleinen Leuchtturmes (Quermarkenfeuer) am Inselbogen Hörn ein riesiges Gebilde. Es war das Mittelstück eines Überseefrachters, das in der stürmischen Nacht hier gestrandet war. Der Rettungskreuzer „Ruhr-Stahl", bereits alarmiert, weil sich noch ein Mann an Bord befand, lief aus, konnte den Strandungsort aber nicht erreichen, weil dieser bei Ebbe völlig trocken fiel, sodass man zu Fuß zum Mittelstück bzw. zur „Mittleren Sektion" gelangen konnte und ein Rettungseinsatz nicht möglich und nötig war.

Geschehen war folgendes: Das Mittelstück war in Rotterdam angefertigt und sollte nach Bremerhaven geschleppt werden, wo Bug und Heck dazu passgenau auf der Werft lagen. Am 15. November machten sich zwei Fairplay-Schlepper mit ihrer Fracht auf den Weg, gerieten aber in Höhe von Texel in einen Sturm, sodass die Schleppleinen brachen und das Mittelstück, als Hohlkörper mit einer hohen Windfront den Schleppern buchstäblich davon segelte. Zwar gelang es noch einem Mitglied der Schlepperbesatzung an Bord zu springen, aber eine Schleppverbindung war nicht mehr möglich. In einem rohen, windigen Verschlag segelte der Mann dann über die Nordsee und strandete auf dem Kniepsand.

Eine nachfolgende Sturmflut setzte die ungesicherte Sektion dann am folgenden Tag noch höher auf den Kniep. Die Schlepper legten sich vor Anker und machten den fast lächerlichen Versuch, dass Mittelstück einfach vom Sande zu ziehen. Schließlich trafen drei Schwimmbagger der Hamburger Bergungsfirma Ulrich Harms an der Strandungsstelle ein. Auch sie konnten das Mittelstück nicht in Bewegung bringen. Das fiel bei Ebbe völlig trocken und wurde auch bei Hochwasser an der Außenseite kaum vom Wasser erreicht.

Schließlich wurden am 10. Dezember 1969 sieben Planierraupen vom Festland herübergebracht und diese haben Tag und Nacht bei jeder Ebbe in der Breite des ca. 70 Meter langen Mittelstückes und auf eine Länge von fast 200 Metern eine Fahrrinne ausgebaggert, wobei etwa 40.000 Kubikmeter Sand an den Seiten aufgetürmt wurden. In der Nacht zum 1. Januar 1970 gelang es dann, das Mittelstück zu bergen. Es hatte einen Wert von etwa 3,4 Millionen Mark und entsprechend der unveränderten Regel,

Schwimmkräne der Hamburger Firma Ulrich Harms und Planierraupen bei der Bergung der mittleren Sektion.

ein Drittel vom Wert für die Berger, wurden etwa 1,2 Millionen DM ausgezahlt, die höchste Bergungsprämie aller Amrumer Strandungsfälle. Holländische Fischkutter und englische Segelyachten bedingten in der Folgezeit die Einsätze des Rettungskreuzers.

Das Rettungsboot als „Klapperstorch"

Immer wieder waren eilige Krankentransporte nach Föhr und dem Festland nötig. Nachdem es in den 1970er Jahren immer mehr aus der Mode kam, Kinder zu Hause auf die Welt zu bringen, häuften sich Transporte mit werdenden Müttern in die Klinik nach Wyk. Schließlich wurden über 90 % der Geburten Amrumer Kinder im Föhr-Amrumer Krankenhaus in Wyk verzeichnet und Hausgeburten auf Amrum wurden die Ausnahme. Im Jahre 2016 wurde der Kreissaal in Wyk geschlossen und heute müssen die werdenden Mütter nach Husum oder Flensburg.

Die Rettungsboote der Station Amrum Hafen haben sich aber nicht nur durch die Rettung von Schiffbrüchigen einen Namen gemacht, sondern auch in einer ganz ungewöhnlichen Weise als Geburtshelfer, sozusagen als „Klapperstorch". Auf Amrum kamen die Kinder bis etwa Mitte des 20. Jahrhunderts - wie in den Jahrtausenden davor - im Hause der Eltern zur Welt. Hausgeburten ohne jegliche ärztliche Unterstützung oder mit Hilfe von Frauen, sogenannten *föörstunern* (Vorsteherinnen) oder Wehmüttern. Dabei handelte es sich keineswegs um ausgebildete Hebammen, sondern um Frauen, die sich die Geburtshilfe selbst angeeignet hatten. Es ist verständlich, dass es in komplizierten Fällen nicht selten um Leben und Tod der Mutter ging und öfter lesen wir in Sterberegistern früheren Jahrhunderte die dramatische Eintragung: „In Kindesnöten nicht entbunden". Entsprechend unzureichender hygienischer Kenntnisse gab es dann auch - wie überall in der Welt ehe der Wiener Arzt Semmelweiß Ursache und Abhilfe entdeckte, zahlreiche tote Mütter durch Kindbettfieber". Nicht wenige Männer verloren so zwei-, dreimal und öfter ihre Frauen, wenn sie von langer Seefahrt zurückkehrten, ein Kind in der Wiege, aber die Mutter im Grab. Über ein solches Schicksal berichten auch die alten

Grabsteine auf dem St.-Clemens-Friedhof. So die großen Liegeplatten des Walfang-Commandeurs Boh Carstens und seine beiden jung gestorbenen Frauen, zuerst Geeske und dann Ween, „so all bei der Erstgeburt ihre Augen zugetan, mit Geeske gelebt im Ehestand nur 45 Wochen, mit Wehn 94 Wochen. Der Schiffer Willem Claasen (Wögen Knudten) war sogar viermal verheiratet, weil seine Frauen, die erste 1744 in „Kindesnot", ohne geboren zu haben, die anderen bald nach der Geburt an Kindbettfieber starben. Seit Mitte des 20. Jahrhunderts wurde es zunehmend Brauch, für die Geburt die Klinik in Wyk aufzusuchen. Heute gibt es kaum noch Hausgeburten auf Amrum. Dies macht sich dann auch in einer gewissen Statistik bemerkbar und natürlich auch in den Geburtsurkunden. Fast alle Amrumer Babys der letzten 30 Jahre waren Föhrer. Bei der Geburtshilfe besonders aktiv ist der „Retter", wie er auf Amrum kurz genannt wird. Denn nicht immer fahren die Mütter zur Geburt rechtzeitig nach Wyk, mit dem Ergebnis, dass in dringenden Fällen im Rahmen der Amtshilfe das Rettungsboot eingesetzt wird. Weil sich das Kinderkriegen nicht genau terminieren läßt, setzen die Wehen nicht selten unterwegs ein und werden Kinder sogar auf den „Retter" geboren. Das ist nach Ausweis der Amrumer Hebamme Antje Hinrichsen schon fünfmal geschehen, während ihre Vorgängerin Marret Ide einmal eine Geburt auf einem „Retter" erlebte. Die Listen der beiden Amrumer Hebammen weisen folgende Daten auf:

1.) Oliver Lemke - geboren am 2. Juli 1981 auf „Ruhr-Stahl". Eltern Cornelia und Volkert Lemke, Wittdün.

2.) Aileen Peters - geboren am 21. April 1998 auf „Eiswette". Eltern Anja und Bernd Peters, Nebel.

3.) Maleen Christin Martinen - geboren am 13. März 2001 auf „Eiswette". Eltern Sandra und Gerret Martinen, Norddorf.

4.) Malin Schade - geboren am 7. Oktober 2002 auf „Eiswette". Eltern Kathrin und Peter Schade, Wittdün.

5.) Clemens Christoph Decker - geboren am 16. September 2005 auf „Eiswette". Eltern Stephanie und Christoph Decker, Norddorf.

6.) Gideon-Raphael Adolph - geboren am 28. Oktober 2011 auf „Vormann Leiss". Eltern Dr. Nicole und Dr Gernot Adolph, Wittdün.

Die Kinder, die unterwegs auf der Fahrt von Amrum nach Föhr zur Welt kamen, auch jene auf Fährschiffen der WDR, wurden mit einem seltenen

Geburtsort von den Standesämter registriert. „Geboren auf der Fahrt zwischen Wittdün-Amrum und Wyk auf Föhr" - vermutlich der längste Geburtsortsname der Welt!. Dann hieß es: Die Eintragung ist viel zu lang und passt kaum in die Zeilen der Geburtsurkunde bzw. des Familien-Stammbuches. Man überlegte, ob nicht die Bezeichnung „Nordsee" für die Bezeichnung des Geburtsortes angemessen sei. Aber das war den Behörden nicht genau genug und seit 2009 hieß es nun knapp und nüchtern: „Wyk", weil dort Mütter und Kinder eingeliefert wurden.

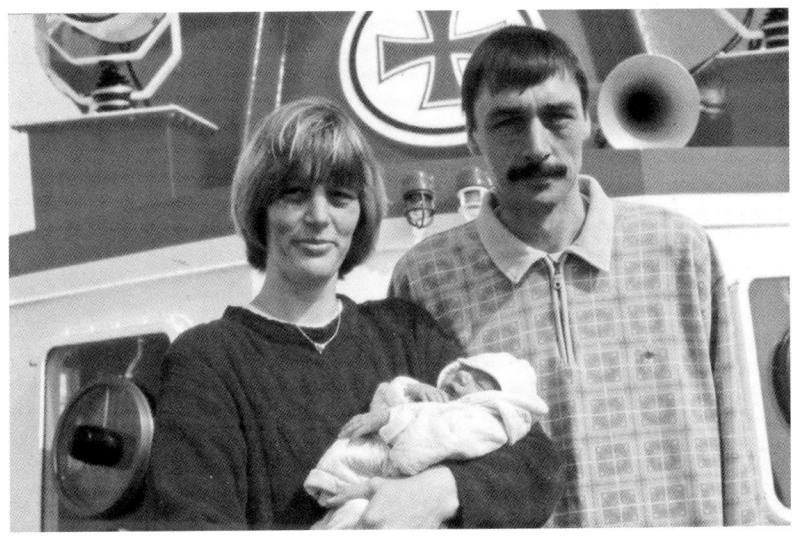

Geboren auf dem Seenotrettungskreuzer – Aileen Peters, 21.04.1998

Das Ende der Tiefwassersegler - und der Ausbau des Seezeichenwesens

$\mathcal{J}$n der zweiten Hälfte des 19. Jahrhunderts wurde die weltweite Seefahrt durch eine grundsätzliche Entwicklung gekennzeichnet: Seit Jahrtausenden, solange sich Menschen auf Schiffen bewegten, wurden diese mit Segel betrieben oder sie wurden gerudert. Nun aber traten zunehmend Dampfschiffe auf den Plan. In Deutschland zuerst 1850 der Auswanderer-Dampfer der Hamburger Reederei Sloman, die „Helene Slomann", nach New York geführt von dem Föhrer Kapitän Paul Nickels Paulsen. Die ersten Dampfschiffe waren noch kombinierte Dampf- und Segelschiffe, sodass sie - für den Fall des Falles - beim Ausfall der Maschine nicht ganz hilflos waren.

Nach wie vor wurden auch noch überall Tiefwassersegler auf Kiel gelegt und segelten über alle Meere der Welt. Zu den bekanntesten gehörten die Fünfmastbark „Potosi" und das Fünfmastvollschiff „Preußen" der Hamburger Reederei Laeisz, die vor allem zum Transport von Salpeter von der Westküste von Südamerika eingesetzt wurden, wobei das berüchtigte Kap Hoorn umrundet werden musste.

Erst im Zusammenhang mit dem 1. Weltkrieg (1914 - 1918) verschwanden die Segelschiffe weitgehend von den Weltmeeren. Von Jahrhundert zu Jahrhundert aber blieben die Gefahren für die Seefahrer im Seebereich von Amrum bestehen, sowohl für die Küstenseefahrt wie auch für die Hochseefahrt, die aus dem Kanal kommend nach Bremen, Hamburg oder in die

Zur Sicherung der küstennahen Seefahrt erbaute die Regierung des dänischen Gesamtstaates im Jahre 1856 bei Kampen auf Sylt den heute noch bestehenden Leuchtturm.

Ostsee bestimmt waren und von Stürmen in den Bereich der Nordfriesischen Inseln getrieben wurde. Vor Sylt war die Küste weitgehend frei von Untiefen, aber vor Amrum gibt es kilometerweit vorgelagerte Seesände, Sandbänke und Flachwasserzonen, die Strandungsfälle verursachten. So strandete der Holzfrachter „Pallas" im Oktober 1998 etwa 12 Kilometer westwärts von Amrum auf einer Wassertiefe von nur etwa 2,50 Meter! Deshalb gab es keine andere Nordseeküste mit so vielen Strandungsfällen wie im Seebereich von Amrum. „Keine andere Küste auf Erden ist gefährlicher als jene von Amrum," publizierte um die Mitte des 19. Jahrhunderts der Historiker Knudt Jungbohn Clement in Verbindung mit der Forderung an die dänische Regierung, auf Amrum einen Leuchtturm zu bauen. Dabei warf er gleichzeitig den Behörden, aber auch seinen Amrumer Landsleuten vor, daran gar kein Interesse zu haben, sondern geradezu auf Strandungsfälle zu hoffen. Tatsächlich bestand die küstennahe Sicherung der Seefahrt in dänischer Zeit im See- und Sichtbereich von Amrum nur aus wenigen Einrichtungen.

Seit dem 1. Januar 1875 warnt auch auf Amrum ein Leuchtturm auf der hohen Düne die Küstenseefahrt.

Das Fahrwasser war mit einigen wenigen Tonnen in Regie der Stadt Husum markiert. Immerhin legte die dänische Regierung im Jahre 1839 bis 64 vor der Eidermündung ein Feuerschiff mit einer Blüse im Mastkorb und errichtete 1852 auf dem langen Nehrungshaken Ellenbogen des Listlandes Sylt zwei Leuchttürme sowie auf der hohen Geest bei Kampen 1856 einen 27 Meter hohen Turm mit einer Fresnelschen Gürteloptik. Alle drei Leuchtfeuer bestehen auch noch heute. Ansonsten aber blieb die Küste - und gerade der gefährlichste Bereich bei Amrum im Dunkeln. Im Jahre 1864 aber kam es in der Auseinandersetzung zwischen Deutschland und Dänemark um die zum dänischen Gesamtstaat gehörenden Herzogtümer in Schleswig-Holstein zum Krieg.

Als Dänemark diesen Krieg verlor, wurden die Herzogtümer - im Herzogtum Schleswig mitsamt den Reichsdänischen Enklaven Westerlandföhr-Amrum und Listland Sylt - in Preußen bzw. in das nachfolgende Deutsche Reich einverleibt. Im neuen Staat aber wurden die Verwaltung und staatliche Aufgaben mit großem Aufwand perfektioniert. Dazu gehörte neben dem Küstenschutz auch das Seezeichenwesen. Auf Amrum wurde 1875 der heute noch als Wahrzeichen der Insel bestehende Leuchtturm in Betrieb genommen, 1907 die Leuchttürme auf der Sylter Südspitze Hörnum und auf Pellworm und Westerhever sowie dazwischen auf Inseln und Halligen Hafen- und Quermarkenfeuer errichtet.

Zusätzlich wurde nordwestlich von Amrum vor der Reihe der gefährlichen Seesände (*Teeknob*, Hörnumknob, *Holtknob* und Jungnamensand) im Jahre 1908 ein Feuerschiff ausgelegt und damit eine langjährige Forderung des Nautischen Vereins in Husum erfüllt. Das Feuerschiff „Amrumbank" liegt noch heute als Museumsschiff im Hafen von Emden.

Eine wesentliche Sicherheit für die küstennahe Seefahrt bewirkte auch der Bau des Nord-Ostsee-Kanals (Kaiser-Wilhelm-Kanal) in den Jahren von 1887 bis 1895. Handelsschiffe, die jahrhundertelang auf der Reise zu den Ostseehäfen an der deutsch-dänischen Küste vorbei um Skagen herumsegeln mussten, konnten nun auf verkürztem Weg und durch Stürme nicht gefährdet zu ihren Bestimmungshäfen gelangen. Schließlich konnten die zunehmend mit Maschinenkraft ausgestatteten Schiffe sich besser von den Küsten freihalten und Strandungen vermeiden.

Unverändert -Amrum, die Insel der Strandungsfälle

Maschinenkraft statt windabhängige Segel und ein perfektioniertes Seezeichenwesen in den Jahrzehnten vor und nach 1900 – aber die Anzahl der Strandungsfälle im Seebereich von Amrum verringerte sich kaum! Dazu trug sicherlich die Vermehrung der weltweiten und der küstennahen Seefahrt bei. Die Untiefen und Seesände vor Amrum blieben für die Seefahrt gefährlich, egal ob mit Segel oder Maschinen betrieben. So meldete die DGzRS-Station Amrum für das Jahr 1974 insgesamt 70 Einsätze mit 84 geretteten Personen. Dazu gehörten 43 Krankentransporte von Amrum nach Föhr (Krankenhaus Wyk) oder zum Festland und 19 Hilfseinsätze für Schiffe, Krabbenkutter und Privatboote. Es fehlte nach Kriegsende bis zur Gegenwart auch nicht an dramatischen Strandungsfällen größerer Schiffe.

Zu den bemerkenswerten Einsätzen gehören die Nachfolgenden: Wyker Motorfrachter „Frisia". Unterwegs von der Elbe mit Baumaterialien und Stückgut bekam das 30 BRT große Schiff nahe Amrum bei dichtem Nebel Grundberührung und schlug leck, sodass es auf Grund gesetzt werden musste. Mehrere Amrumer Schiffe halfen mit Pumpen aus, aber bei Niedrigwasser konnte man nicht nahe genug an das Schiff herankommen. Auffrischender Südwest und stürmischer werdende See verschlimmerten die Lage der „Frisia". Deshalb musste die Mannschaft in der Nacht zum 19. Dezember 1951 vom Rettungsboot „Geheimrat Sartori", das in Hörnum stationiert war, abgeborgen werden. Das Schiff versank immer tiefer in den Sand und musste schließlich aufgegeben werden.

Als der Amrumer Leuchtturmwärter im Morgengrauen des 9. Dezember 1958 das Signal am Mast wechselte, bemerkte er im Rütergat das Notsignal eines offenbar gestrandeten Dampfers. Sofort wurde das zufällig im Seezeichenhafen liegende Hörnumer Rettungsboot „Geheimrat Sartori" alarmiert, aber als die Strandungsstelle erreicht wurde, war der Dampfer schon gesunken. Nur die Mastspitzen und der Schornstein ragten noch aus der Flut. Von Schiffbrüchigen war zunächst nichts zu sehen. Dann ging eine Signalrakete hoch und nach kurzer Suche wurde ein modernes, gedecktes

Der Wyker Frachter „Frisia" vor dem Totalverlust.

Schlauchboot gesichtet, in das sich die aus sieben Mann bestehende Besatzung gerettet hatte. Sie wurden glücklich an Bord des Rettungsbootes genommen und nach Wittdün gebracht. Der Fischdampfer „George Hastie" auf der Reise von Aberdeen nach Altona aber war verloren.

Bei der Strandung des Küstenfrachters „Hannchen Allers am 20. Januar 1960 war kein Rettungsboot im Einsatz. Der Frachter war bei schweren Sturm leck geschlagen und drohte zu sinken, sodass er vom Kapitän querab des Amrumer Leuchtturmes auf Kniepsand aufgesetzt wurde. Dort lag der Frachter sechs Wochen, ehe er in einer aufwendigen Bergungsarbeit wieder flott wurde.

Zwei Tote, 18- und 19 jährige Engländer, forderte Mitte August 1968 der Unfall der Jacht „Leopard" westlich von Hörnum. Die jungen Briten waren über Bord gespült worden und konnten trotz Einsatz des Seenotkreuzers „Ruhr-Stahl", des Zollkreuzers „Kniepsand" und eines Hubschraubers des Hubschrauberbereitschaftsdienstes Westerland nicht geborgen werden. Eine der über Bord gegangenen nachgeworfenen Rettungsinsel konnte vom Amrumer Rettungskreuzer am nächsten Tag an der Tonne 10 im Schmaltief an Bord genommen werden, war aber leer.

Der gesunkene schottische Fischkutter „George Hastie".

Am 25. Oktober 1970 geriet der holländische Fischkutter „Emja" in der Norderaue südlich von Amrum durch Ruderschaden in Seenot. Die „Ruhr-Stahl" lief unverzüglich aus und konnte gegen 20 Uhr eine Leinenverbindung herstellen mit deren Hilfe es dann gelang, bei Hochwasser den Kutter vor der drohenden Strandung auf Mittellochs-Knob zu bewahren und nach Wittdün zu schleppen.

Einen ganz ungewöhnlichen Seenotfall erlebte die DGzRS Ende August 1974. Unter der Titelzeile „Lehrer schwamm drei Stunden um sein Leben" berichtete der „Insel-Bote", die Lokalzeitung für Föhr und Amrum darüber wie folgt: „Glücklich, seine Rettung noch immer als kaum faßbares Wunder betrachtend, saß der 29 Jahre alte Lehrer Jochen Seitz aus Brake mit seinem Hund Jan Himp an Bord seines Kutters „Karma" im Amrumer Seezeichenhafen. Auf der Fahrt von Brake nach Kiel war er in der Alten Weser weitab vom Lande und von Wasserstraßen, beim Segelsetzen gestolpert und über Bord gefallen. Vergeblich versuchte der Schiffer dann, an der Bordwand hochzukommen. Der Kutter fuhr mit dem heulenden Hund an Bord zügig weiter. Das Unglück war mittags geschehen, und nun schwamm Jochen Seitz um sein Leben, ehe er am Ende seiner Kraft von einem Segler entdeckt und aufgefischt wurde. Über einen gestoppten

Dampfer wurden per Funk Norddeich-Radio und die DGzRS über den führungslosen Kutter informiert, doch konnte dieser trotz der eingeleiteten Suchaktion nicht entdeckt werden. Erst am Vormittag des folgenden Tages wurde die „Karma" vom Rettungskreuzer „Ruhr-Stahl" auf dem südlichen Kniepsand von Amrum gefunden und nebst Hund nach Wittdün geschleppt. Der Hund, „Jan Himp" hatte die Geisterfahrt von der Weser bis Amrum unversehrt überstanden und konnte von seinem Besitzer überschwänglich begrüsst auf Amrum in Empfang genommen werden."

Jochen Seitz wollte nun eigentlich die Heimfahrt nach Brake antreten, blieb dann aber auf Amrum und trat hier in den Dienst der Dörfergemeinschaftsschule.

Der Winter 1978 war wieder einmal ein Eiswinter mit monatelangem Frost und totaler Vereisung des nordfriesischen Wattenmeers bis fast zum Horizont. Die Häfen der Inseln und Halligen waren mit ihren Schiffen in Winterruhe erstarrt, aber der Amrumer Rettungskreuzer „Ruhr-Stahl" blieb in Tätigkeit und sorgte, als die Fähren der Wyker Dampfschiffs-Reederei (WDR) den öffentlichen Linienverkehr nur noch mit tagelanger Unterbrechung aufrecht erhalten konnten oder zu den Halligen ganz einstellen mussten, für eine Notversorgung.

Darüber berichtet ein umfangreicher Beitrag im Jahrbuch 1978 der DGzRS: Für die Besatzung des Seenotkreuzers „Ruhr-Stahl" war dies der härteste Winter seit Indienststellung des Schiffes vor 20 Jahren. Viele Einsätze hat der Vormann Harry Tadsen seit seiner Übernahme 1965 schon gefahren. Doch was sich jetzt um die Jahreswende 1978/79 in den ersten Wochen abspielte, versetzte in Erstaunen. Beinahe täglich wurden sie gerufen, um die wichtigen Versorgungstransporte zu begleiten. Bis zu zwei Meter dick sind die Eisschollen die ein aufgelaufenes Schiff zerdrücken können. Vor allem die flachgehenden Inselversorger und Fähren sind dieser Gefahr ausgesetzt. Diese Schiffe sind ohne eisbrechenden Bug auch kaum in der Lage, mit eigener Kraft die Eispanzer zu durchbrechen und beiseite zu schieben. Natürlich ist auch der 23-Meter-Seenotkreuzer nicht als Eisbrecher gebaut worden, doch kann er geschickt manövriert mit seinem Steven und der Kraft von 1750 PS manche Presseisbarriere durchbrechen oder beiseite schieben. Hinzu kommt bei Eiswintern der scharfe Ostwind, der das Wasser aus dem Watt treibt und den Fähren keine ausreichende Wassertiefe bietet.

Der Seenotkreuzer „Eiswette" als Eisbrecher für das WDR-Fährschiff „Nordfriesland" am Anleger Wittdün.

Ein besonderes Problem für Amrum ist die Versorgung mit Heizöl. Ob Privathäuser oder große Heime, darunter die Kinderklinik „Satteldüne" haben sich in den 1960/70er Jahren hinsichtlich Heizung auf diese Energiequelle umgestellt und nicht immer und überall sind die Tankkapazitäten so groß, dass bei strengem Frost und entsprechendem Verbrauch über Monate geheizt werden kann. Das Heizölversorgungsschiff „Emstank" kam von Brunsbüttel, Hamburg oder Nordenham im Schnitt alle 14 Tage nach Amrum, wo die Raiffeisenbank an der Mole von Steenodde über eine Tankanlage für 350.000 Liter und die Fa. Max Krause über eine solche mit 45.000 Litern verfügte. Die Station bei Steenodde hatte allerdings im Eiswinter ein besonderes Problem. Das Heizölschiff konnte seine Ladung nicht am Fähranleger Wittdün an Land pumpen, sondern musste durch dichtes Treib- und Packeis noch zwei Kilometer weiter bis Steenodde. Nur mühsam, Meter um Meter kam der Seenotkreuzer mit dem Heizölschiff im Schlepptau voran. Immer wieder musste das kleine Rettungsboot auch als Eisbrecher für die großen WDR-Fähren eingesetzt werden.

Für allerletzte Notfälle werden dann Hubschrauber der Bundeswehr eingesetzt. Dazu wurde in der Kreisverwaltung ein Katastrophen-Abwehrstab etabliert. Für die Versorgung mit Lebensmitteln über Monate sind die

Das Heizölschiff im Schlepp des Seenotkreuzers auf dem langen Eisweg zur Ölstation bei Steenodde.

Geschäfte auf Amrum aber ausreichend ausgestattet. Ohnehin zählt die Inselbevölkerung im Winter auch nur etwa 2300 Personen. Der Amtsvorsteher (Peter Martinen) wies aber auch auf die Eigenverantwortung der Bevölkerung hin, sich nach den Bestimmungen des Zivilschutzgesetzes grundsätzlich einen Lebensmittelvorrat für 14 Tage anzulegen.

Wetterlagen mit strengem Frost aus einem skandinavischen oder sibirischem Hoch sind in der Regel erst im Januar - Februar zu erwarten und dauern oft nur einige Wochen, sodass Eiswinter selten sind. Die sommerliche Wärmespeicherung der Nordsee und ein Ausläufer des Golfstromes bedingen milde Winter an der Nordseeküste. Aber zu Anfang des Jahre 1985 wurde der Seenotkreuzer „Ruhr-Stahl" erneut gefordert. Mit seltenen Minusgraden bis -20° gleich zu Anfang des neuen Jahres war das Wattenmeer um Inseln und Halligen vom Festland bis zum Horizont der Nordsee schnell wieder mit Eismassen bedeckt und die Insel- und Halligfähren hatten von Tag zu Tag steigende Mühen, den Linienverkehr durchzuführen. Anders allerdings als zur Jahreswende 1979, als meterhoher Schneefall in ganz Schleswig-Holstein zu einer entsprechenden Verkehrskatastrophe führte, konnten die zahlreichen Weihnachts- und Neujahrsurlauber auf den Inseln noch rechtzeitig in ihre Heimatorte zurückkehren.

Auf Amrum bot sich dann wieder das Bild der kaum bis zum Anleger in Wittdün gelangenden WDR-Fähre mit dem vorgespannten Seenotrettungskreuzer und das Heizölschiff auf dem Weg zur Station auf Steenodde.

Einen ganz ungewöhnlichen Einsatz verzeichnete die DGzRS-Station Amrum Mitte August 1991. Vom Flugplatz Wyk auf Föhr war eine Cessna 172 C mit dortigen Sommergästen zu einem Rundflug über die Inselwelt gestartet, als die Maschine auf der Höhe der Amrumer Odde wegen Motorschadens notlanden musste. Der erfahrene Pilot setzte das Flugzeug sicher bei Ebbe auf dem sandigen, festen Wattboden auf, sodass seine Gäste, eine Familie mit zwei Kindern, unversehrt aussteigen und über das Watt nach Föhr laufen konnten. Der Pilot blieb bei seinem Flugzeug und wartete auf Hilfe, die zunächst von der alarmierten Feuerwehr der Insel Föhr kam. Aber auch die Rettungsstation Amrum wurde alarmiert. Menschenleben waren zu keiner Zeit in Gefahr, aber es ging bei auflaufendem Wasser um die Rettung des Flugzeugs. Zu diesem Zweck wurden in aller Eile vom Seenotkreuzer Ballonfender zur Unfallstelle gebracht und am Fahrwerk, am Rumpf und an den Tragflächen befestigt. Gerade rechtzeitig, denn wenig später stand das Watt unter Wasser und das aufgeschwommene Flugzeug konnte nun vom Tochterboot „Japsand" bis zum Strand von Utersum geschleppt und dort in Sicherheit gebracht werden.

Tage- und Nächtelang bei dichtem Nebel suchten in den letzten Novembertagen 1991 drei Seenotkreuzer, „H. J. Kratschke" von Nordstrand, die „Minden" von List auf Sylt und die Amrumer „Eiswette", unterstützt vom Boot „Sylt" der Wasserschutzpolizei und dem Zollkreuzer „Kniepsand" nach dem vermißten Tönninger Krabbenkutter „Süderoog", der nordwestlich von Amrum verschwunden war, ohne ein Notsignal abgegeben zu haben. Schließlich kam die erlösende Nachricht, dass die dänische Englandfähre „To Caledonia" die drei Besatzungsmitglieder nördlich von Sylt entdeckt und an Bord genommen hatte. Sie waren schon seit drei Tagen in einem Rettungsfloß umhergetrieben. Nun war zu erfahren, dass an Bord des Krabbenkutters im Sicherungskasten ein Feuer ausgebrochen war, sodass auch die Funkanlage sofort ausfiel.

Zwischen den Inseln Föhr und Amrum ist während der Sommersaison ein bei Niedrigwasser begehbarer Wattenweg markiert. Hier sind bei günstiger

Tide Tausende von Inselgästen mit sach- und ortskundigen Wattführern unterwegs, die mit entsprechenden Notfallmitteln ausgestattet sind, um Gäste beider Inseln sicher von Insel zu Insel zu bringen. Immer wieder sind leichtsinnige Wanderer aber auch privat und auf eigene Gefahr unterwegs. Die Insel-Chronik berichtet von dramatischen Ereignissen auf dem Wattweg Amrum - Föhr, wobei Wanderer die Ebbe- und Flutzeiten nicht beachteten oder vom Seenebel überrascht wurden, in Lebensgefahr gerieten oder sogar ihr Leben verloren. Die Chronik von Amrum berichtet aus dem 19. und 20. Jahrhundert von etwa 20 Toten, darunter auch Reiter zu Pferde.

Immer wieder geraten auch Wattwanderer in Gefahr, die bei Ebbe hinausgewandert sind, um nach Seegetier zu suchen und dabei flache Priele durchwaten. Bei verspäteter Rückkehr sind aus diesen Prielen infolge der auflaufenden Flut aber breite und tiefe Ströme geworden, die nicht zu durchwaten und nur von geübten Schwimmern zu überwinden sind. Mancher unvorsichtige Wattwanderer ist hier schon ums Leben gekommen.

Wattenwanderung zwischen Föhr und Amrum. Bei günstiger Tide sind tausende von Inselgästen unterwegs.

Ein solches Schicksal drohte Anfang September 1993 auch einer Gruppe von Wattwanderern, zwei Frauen und zwei Männern im Watt zwischen Amrum und Föhr. Spaziergänger am Föhrer Strand bemerkten die Notlage und alarmierten über die Wasserschutzpolizei den Seenotkreuzer „Eiswette" von Amrum. Für die „Eiswette" war das Wasser aber auf weite Strecken zu flach. Deshalb wurde das Tochterboot „Japsand" eingesetzt, das die Vier, die mit Todesangst schon bis zur Brust in der rasch steigenden Flut standen, bergen und an Land setzen konnte.

Der Seebereich bei Amrum hat auch in der Gegenwart seine Gefährlichkeit für die Seefahrt behalten. Die Strandung, der Verlust des Erzfrachters „Pella" im Jahre 1964 und die Rettung der 25köpfigen Besatzung blieben aber bis heute das herausragendste Ereignis in der Geschichte des Rettungswesens von Amrum .Es hat jedoch auch in den folgenden Jahrzehnten weitere spektakuläre Strandungsfälle gegeben, die nur deshalb in den Jahresberichten der DGzRS keine oder kaum Erwähnung fanden, weil keine Menschenleben auf dem Spiele standen und der Amrumer Seenotkreuzer nicht im Einsatz war bzw. nur Hilfe zur Versorgung leistete.

Das Küstenmotorschiff „Klaus"

Drei Wochen dauerte ein Strandungsfall im Oktober 1979. Auf der Reise von England nach Husum mit etwa 1.000 Tonnen Kalkmergel geriet das in Brake beheimatete Küstenmotorschiff „Klaus" in eine Flachwasserzone südlich des Jungnamensandes und strandete. Während man sich in Seefahrtkreisen darüber wunderte, dass das Kümo so weit außer Kurs geraten war, bemühte sich zunächst der Husumer Werftschlepper „Karin", das gestrandete Schiff wieder flott zu machen, was aber nicht gelang. Der Hochseeschlepper „Pacific", der wenige Stunden nach der Strandung zur Stelle war, konnte wegen seines Tiefganges nicht eingesetzt werden. Die „Klaus" hatte eine siebenköpfige Besatzung, von denen drei in Hörnum an Land gesetzt wurden, vier auf dem gestrandeten Frachter verblieben, wobei sich der Seenotretter „Ruhr-Stahl" ständig in der Nähe aufhielt, um notfalls einzugreifen. Mit Hilfe eines Baggers an Bord des Fährschiffes „Insel Föhr" der WDR konnte der Frachter dann um die halbe Fracht, 500 Tonnen, die

Der Küstenfrachter „Klaus" - versorgt vom Tochterboot der „Ruhr-Stahl".

einfach ins Meer gebaggert wurden, geleichtert und das Küstenmotorschiff „Klaus" durch den Husumer Schlepper „Karin" nach vorherigem Ausspülen einer Rinne doch noch relativ unbeschädigt freigeschleppt werden. Die Reparaturkosten auf der Husumer Werft beliefen sich dann allerdings doch noch auf rund 600.000 DM. Wie schon die Bezeichnung der Deutschen Gesellschaft zur Rettung Schiffbrüchiger verrät, dient diese der Rettung von Schiffbrüchigen, während für die Bergung von Sachgütern, Schiffen und Ladung andere, nämlich professionelle Bergungsfirmen mit ihren Bergungsfahrzeugen zuständig sind. Infolgedessen spielten die Seenotkreuzer der DGzRS auch beim bisher größten Strandungsfall im Seebereich von Amrum, am 29. Oktober 1998 nur eine Nebenrolle.

Der Holzfrachter „Pallas"

Am genannten Tage strandete etwa sechs Seemeilen westlich von Amrum auf einer Untiefe nahe dem Rütergat der 147 m lange und rund 10.000 Tonnen Bruttoregister (BRT) große Holzfrachter „Pallas". Der Frachter war mit einer Holzladung von Schweden nach Marokko unterwegs, als die Ladung auf der Nordsee nördlich von Sylt aus nie geklärter Ursache in Brand geriet. Trotz entsprechender Manöver und Maßnahmen gelang es nicht, das Feuer zu löschen, das bald auf die Kommandobrücke übergriff. Die 17köpfige Besatzung versuchte, sich in das Beiboot zu retten, wobei ein Mann sein Leben verlor. Dänischen und deutschen Marinehubschraubern gelang die Rettung der übrigen in einer dramatischen Aktion.

Die unverändert brennende, aber nun faktisch zum Wrack gewordene „Pallas" sollte dann nach Cuxhaven geschleppt werden, aber bei immer wieder auffrischendem Wind mißriet dieses Vorhaben, sodass der Frachter schließlich westlich von Amrum auf Grund lief und sich auch durch Einsatz von starken britischen Schleppern nicht mehr abbringen ließ. Schlimmer noch, vermutlich durch den Schlepperzug knickte der Schiffsrumpf ein, ein Brennstofftank wurde beschädigt, und es traten etwa 50 Tonnen Öl aus. Der riesige Öl-Film trieb auf Amrum zu und um Wittdün herum hinein in das Watt, wo einige tausend Seevögel, vor allem Eider- und Trauerenten, durch die Ölpest ihr Leben lassen mussten. Jäger auf Amrum, Föhr und den Halligen waren wochenlang unterwegs, um die Tiere von

Rettungseinsatz an der qualmenden „Pallas".

151

ihren Qualen zu erlösen. Entsprechend groß war das Echo in den Medien. Bergungsversuche wurden aber, weil zwecklos, nicht mehr gemacht. Die „Pallas" blieb liegen. Während die in der Nähe 1964 gestrandete „Pella" schon bald durch die Nordsee „beerdigt" war, liegt das Wrack der „Pallas" zwanzig Jahre nach der Strandung unverändert deutlich gegen den hellen Horizont als Zeuge der gefährlichen Untiefen im Seebereich von Amrum und als Denkmal für hunderte Strandungsfälle mit ihren Opfern an Menschen und Material.

Die „Retter" im Amrumer Seezeichenhafen

Seit 1916 befand sich die wichtigste Station der Amrumer DGzRS im Seezeichenhafen Wittdün, wobei das Rettungsboot aber nicht in einem Bootsschuppen untergebracht war, sondern frei an der Mole liegt. Mit dem Seenotrettungskreuzer „Ruhr-Stahl" wurde dann ab 1995 eine ganz neue Entwicklung eingeleitet. Die Besatzungen waren nun teilweise fest angestellt und wurden bei Rettungseinsätzen durch freiwillige aus den Inseldörfern ergänzt. Die Vormänner stammten von Amrum und wohnten bei ihren Familien an Land. Auf die „Ruhr-Stahl" folgte im Jahre 1985 der Seenotrettungskreuzer „Eiswette". Die Jahrbücher der DGzRS melden dazu folgende Daten: Länge 23,30 Meter, Breite 5,64 Meter, Tiefgang 1,70 Meter Zwei Propeller (Schrauben) mit 1944 PS, Funk, Echolot, Radar, Decca, Funkpeiler, Selbststeueranlage, Fremdlenzanlage, Feuerlöschanlage, Hospital, Geschwindigkeit 20 Knoten, Tochterboot „Japsand", Länge 7 Meter, Tiefgang 0,60 m, Geschwindigkeit 17 Knoten. Das Tochterboot war das zweite für die „Eiswette", das erste hieß „Mellum", getauft auf den Namen einer Seevogelschutzinsel in der Außenjade, als der Seenotrettungskreuzer noch in Wilhelmshaven stationiert war. 1990 erhielt die „Eiswette" ein neues Tochterboot, „Japsand", genannt nach einer hohen Sandbank westlich der Hallig Hooge Der Vormann war zunächst noch Harry Tadsen, wohnhaft in Steenodde. Ihm folgte ab 1988 Berthold Petersen, gebürtig von der Hallig Langeneß. Über 23 Jahre lag die „Eiswette" auf Station im Seezeichenhafen.

Dann erfolgte im November 2008 ein fast unauffälliger Bootswechsel. Die „Eiswette" wurde nach Emden verkauft und dort als Versorgungsschiff für die Windkraftanlagen in der Nordsee, nördlich von Borkum, umgerüstet. Die Station Amrum erhielt nun den nahezu baugleichen Seenotrettungskreuzer „Vormann Leiss" benannt nach einer Familie auf der ostfriesischen Insel Langeoog nach deren langjährigen Vormännern und Rettungsleuten. Die „Vormann Leiss" übernahm von dem Vorgänger „Eiswette" das Tochterboot „Japsand". Von 2008 bis 2009 lag der genannte Seenotrettungskreuzer auf der Station Amrum. Dann bahnte sich für die Rettungs-Flotte

Seenotrettungskreuzer „Vormann Leiss", von 2008 bis 2015 auf der Station Amrum.

der DGzRS eine neue Entwicklung an, der Bau von 28-Meter-Schiffen. Und eines der ersten Boote dieser neuen Flotte wurde auf Amrum stationiert und erhielt den Namen „Ernst Meier-Hedde", benannt nach dem Bremer Reeder (1913 -1994) der von 1980 -1990 ehrenamtlicher Vorsitzer des Rettungswesens war und sich besondere Verdienste bei der Neueinrichtung der Rettungsstationen an den Küsten von Mecklenburg-Vorpommern nach der Wiedervereinigung im Jahre 1990 erwarb. Der Genannte wurde aber nicht nur durch den neuen Seenotrettungskreuzer geehrt, sondern auch seine Frau Lotte, auf deren Namen das Tochterboot getauft wurde. Auf Amrum hätte man sich aber angesichts der langen und intensiven Geschichte der Strandungsfälle und des Rettungswesens natürlich für den neuen „Retter" auch eine Namensgebung aus der hiesigen Region vorstellen können, etwa eine Würdigung der Vormänner und Rettungsmänner aus der Familie Flor, von denen der eine, Theodor Flor, im Oktober 1890 mit dem Rettungsboot „Theodor Preußer" tödlich verunglückte (siehe S. 72). Aber auch in anderen Familien (Meyer und Quedens) gab es Vormänner durch drei Generationen.

Der neue Rettungskreuzer vermittelt ein ganz neues Bild. Der bisherige typisch abgerundete Turmbau mit dem oben offenen Führerstand (Fahrstand) ist einer breiteren, geschlossenen Kommandobrücke gewichen, mit Platz für die gesamte Besatzung von vier Mann. Natürlich sind die neuen Seenotrettungskreuzer mit allen technischen und nautischen Errungenschaften ausgestattet. Besonders erwähnenswert die Wärmebildkamera im Schiffsmast. Die sonstigen Daten der neuen Flotte: Länge über alles: 27,90 Meter , Breite: 6,20 Meter, Tiefgang: 1,95 Meter, Geschwindigkeit: 24 Knoten (etwa 45 km/h), Antrieb: 2 Propeller (Schrauben) mit insgesamt knapp 4.000 PS. Vorbei ist die Zeit, als die Rettungsmannschaften einzeln von ihren Häusern und Arbeitsstellen geholt und mit dem Pferdefuhrwerk

Seenotrettungskreuzer „Ernst-Meier-Hedde" ab 2015 auf der Station Amrum im Seezeichenhafen.

zur Station gebracht oder über kilometerweite Wege durch Dünen und Heidetäler das bereit liegende (Ruder)Rettungsboot erreichten.

Bei der „Ernst Meier-Hedde" sind wie schon auf den Vorgängern neun Mann fest angestellt, von denen sich vier ständig an Bord befinden, die anderen im 14tägigen Freitörn sind. Sie werden im Bedarfsfalle vervollständigt durch 10 Freiwillige, die hier auf Amrum wohnen und als Arbeiter, Angestellte und in freien Berufen beschäftigt sind, wie z.B. die Ärztin in Nebel. Vormann des Amrumer Retters ist seit dem Jahre 2012 der von Nordstrand gebürtige Sven Witzke in der Nachfolge der Amrumer Jens Petersen und Gerd Hogrefe, die von 2009 bis 2012 bzw. von 1999 bis 2009 Vormänner der Station Amrum waren.

Rausfahren, wenn andere reinkommen

Die Seenotretter sind rund um die Uhr und bei jedem Wetter einsatzbereit. Oft sind sie gerade dann auf Nord- und Ostsee unterwegs, wenn andere Schiffe Schutz im Hafen suchen - insgesamt mehr als 2.000 Mal Jahr für Jahr.

Die Deutsche Gesellschaft zur Rettung Schiffbrüchiger (DGzRS) ist zuständig für den Such- und Rettungsdienst (SAR = Search and Rescue) im Seenotfall. Sie nimmt diese Aufgabe unabhängig, eigenverantwortlich und auf privater Basis wahr - finanziert nach wie vor ausschließlich durch freiwillige Zuwendungen, ohne jegliche staatlich-öffentliche Mittel. Die DGzRS, deren Schirmherr der Bundespräsident ist, beansprucht zur Erfüllung ihrer Aufgaben keine Steuergelder.

Die allermeisten der rund 1.000 deutschen Seenotretter sind Freiwillige. Innerhalb weniger Minuten besetzen sie das Rettungsboot im Hafen und fahren raus aufs Meer. Um andere Menschen zu retten, begeben sie sich oft auch selbst in Gefahr. Nur etwa 180 von ihnen auf den größeren, rund um die Uhr besetzten Einheiten sind bei der DGzRS fest angestellt.

Insgesamt unterhält die DGzRS zwischen der Insel Borkum im Westen und der Pommerschen Bucht im Osten rund 60 Rettungseinheiten auf 54 Stationen. Die SEENOTLEITUNG BREMEN der DGzRS koordiniert zentral alle SAR-Maßnahmen. Die Seenotküstenfunkstelle BREMEN

RESCUE RADIO der DGzRS überwacht rund um die Uhr die internationalen Funknotruffrequenzen.

Seenotretter gibt es in Deutschland seit mehr als 150 Jahren. Anfangs waren jeweils acht oder zehn Ruderer in offenen Booten unterwegs, um Schiffbrüchige zu retten. Allein mit Ihrer Muskelkraft stellten sie sich mutig der tosenden See entgegen. Heute fahren die Seenotretter mit 20 modernen Seenotrettungskreuzern mit Tochterboot und rund 40 kleineren, ebenso seetüchtigen Seenotrettungsbooten hinaus.

Trotz aller technischen Weiterentwicklung: Im Mittelpunkt des Rettungswerkes steht nach wie vor der Mensch: die freiwillige Bereitschaft der Seenotretter zu ihren nicht selten gefahrvollen Einsätzen. Allein 2016 haben sie 677 Menschen aus Seenot gerettet oder aus drohenden Gefahren auf See befreit. Mehr als 84.000 Menschen verdanken ihnen seit Mitte des 19. Jahrhunderts schnelle Hilfe.

Spendenkonto IBAN: DE36 2905 0101 0001 0720 16, BIC: SBREDE22, Sparkasse Bremen.

Mehr Informationen: www.seenotretter.de, E-Mail: info@seenotretter.de
Rausfahren, wenn andere reinkommen - Die Seenotretter im Überblick (Stand: April 2017)

Sammelschiff der DGzRS an vielen öffentlichen Plätzen, geformt wie ein Ruderrettungsboot aus der guten alten Zeit

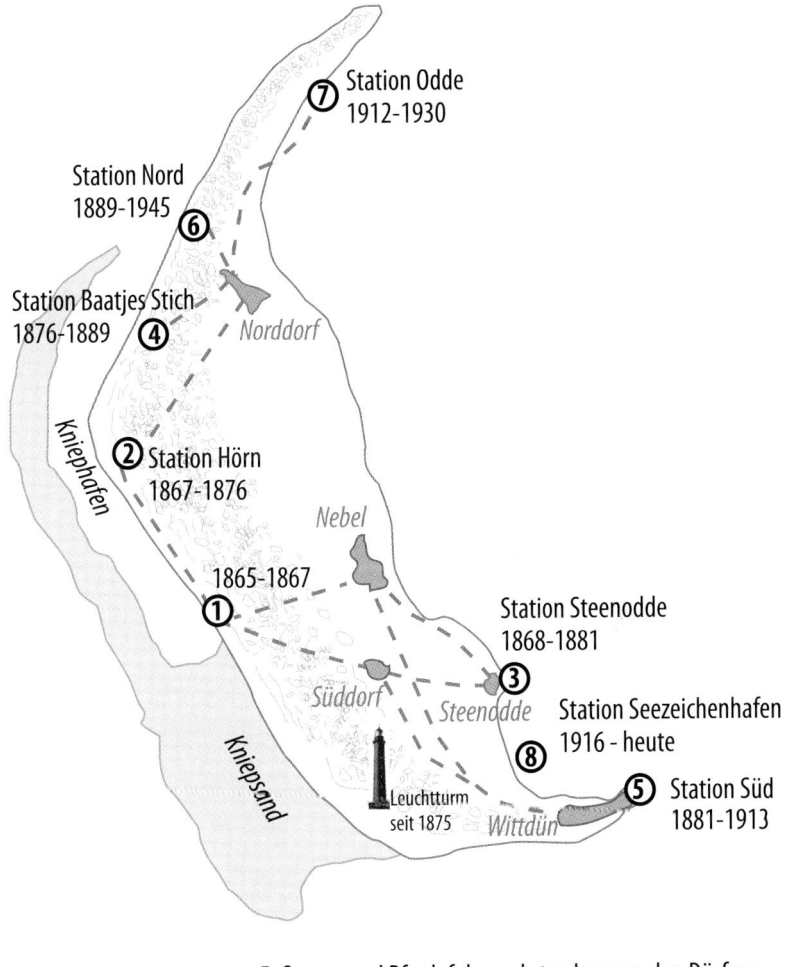

Station Odde
1912-1930
⑦

Station Nord
1889-1945
⑥

Station Baatjes Stich
1876-1889
④

Norddorf

Kniephafen

② Station Hörn
1867-1876

Nebel

1865-1867
①

Station Steenodde
1868-1881

③

Süddorf

Steenodde

Station Seezeichenhafen
1916 - heute

⑧

Station Süd
1881-1913
⑤

Leuchtturm
seit 1875

Kniepsand

Wittdün

－－－－－－ Fußwege und Pferdefuhrwerkstrecken von den Dörfern
zu den oft weit abseits liegenden Rettungsstationen

Fotonachweise:
DGzRS S. 106, S. 112;
Helmut Martinen S. 143;
Jens Quedens S. 83 r; US 4
Hans Peter Jürgens S.14
Alle anderen Archiv Georg Quedens.

Quellenverzeichnis: DGzRS Jahrbücher ab 1866
Esmann, Wilhelm: Die Rettungsboote der DGzRS von 1865 - 2004
Hansen, Christian Peter: Chronik der Friesischen Uthlande
Fey, Wiebke u. Wolfgang / Stöver, Hans Jürgen: Strandungen vor Sylt
Quedens, Carl: Familien-Chronik
Quedens, Georg: Nordsee - Mordsee
Quedens, Georg: Schiff auf Strand
Quedens, Georg: Amrumer Seezeichen, Leuchtfeuer, Bojen und Baken
Quedens, Georg: Tagebücher aus dem alten Amrum
Quedens, Georg: Archiv Abteilung Strandungsfälle, Rettungswesen

Layout / Titelgestaltung: Leif Quedens
Korrektur: Ingeline Kanzler, Jens Quedens

ISBN 978-3-943307-19-1
© Verlag Jens Quedens, Amrum 2019
Herausgeber: Öömrang Ferian
Satz und Umbruch: Foto Quedens, Amrum
Druck und Verarbeitung: Husum Druck- und Verlagsgesellschaft
Postfach 1480, D-25804 Husum – www.verlagsgruppe.de